렉트라 패턴 캐드

LECTRA Pattern CAD의 패턴제작법

배주형 · 안현숙 · 박지은 편저

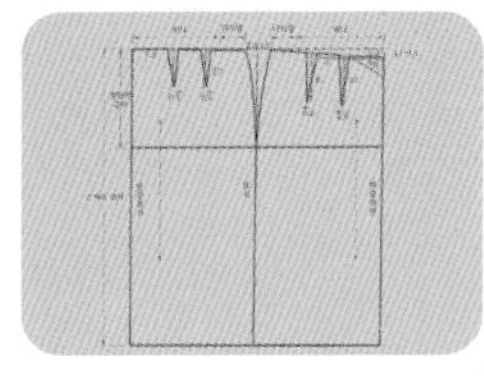

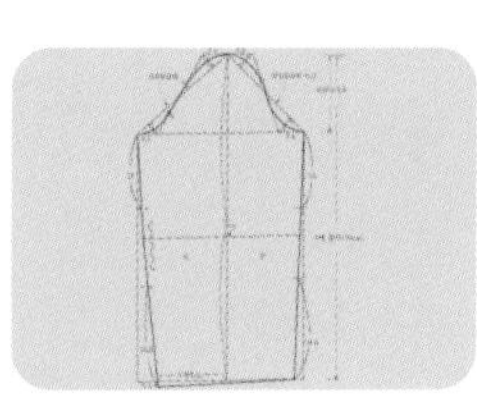

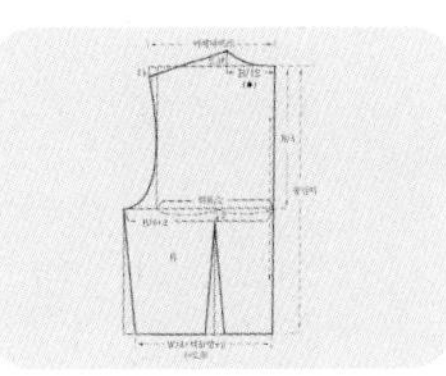

일진사

LECTRA Pattern CAD

머리말 | foreword

현재 의류 산업은 수작업 위주의 생산 방식에서 벗어나 현대화된 의류 생산 자동화 시스템을 갖추게 되면서 다양화, 개성화, 고도화를 수반하고 다품종 소량 생산 단사이클화를 가능하게 하였으며, 의류 생산과정에서 생산원가의 절감 및 수작업에서 오는 오차나 작업 시간을 단축시키고 있다. 특히 패턴 CAD는 패턴 메이킹, 그레이딩, 마킹 등 여러 가지 복잡하고 어려운 작업들을 손쉽게 처리할 수 있고, 작업한 패턴들을 데이터베이스화하여 언제든지 다시 사용 가능하여 효율성을 높일 수 있어 앞으로 그 활용 범위가 더욱 넓어질 전망이다.

이 책은 LECTRA Pattern CAD에서 활용할 수 있는 패턴 제작, 그레이딩, 마킹 중에서 옷을 만드는 주요한 과정인 패턴 제작을 중점적으로 다루어 보다 빠르고 보다 편리하게 패턴을 제작할 수 있도록 하였다. 제1장은 패턴 제작에 필요한 매뉴얼 설명과 패턴의 입력, 제작, 시접, 그레이딩 등의 패턴 제작을 위해 필요한 Modaris를 자세히 다루었으며, 제2장은 아이템별(스커트 원형, 바지 원형, 상의 원형, 소매 원형, 재킷 원형)로 패턴을 제작하는 방법을 자세히 다루었다.

이 책이 LECTRA Pattern CAD를 활용해 패턴 제작을 하고 싶어 하는 현재 의류 산업 현장에 종사하고 있거나, 대학에서 패션 디자인을 공부하는 학생들과 패턴 CAD에 관심이 있는 일반인들에게 보다 실용적인 패턴 제작을 할 수 있는 패턴 CAD에 대한 기초 지침서로서 조금이나마 도움이 되기를 바라며, 앞으로 부족한 부분은 계속 수정 · 보완해 나갈 것이다. 끝으로 이 책의 출판을 맡아서 좋은 책으로 완성시켜 주신 **일진사** 편집부에 진심으로 감사드린다.

저자 씀

LECTRA Pattern CAD

차 례 | contents

Chapter 01

메 뉴 | Menu

1 상의 메뉴 ······ 6

1. 파일 | File ······ 6
2. 편집 | Edit ······ 8
3. 시트 | Sheet ······ 9
4. 코너 도구 | Coner tools ······ 10
5. 보기 | Display ······ 11
6. 사이즈 | Sizes ······ 13
7. 선택 | Selection ······ 14
8. 파라미터 | Parameters ······ 16
9. 구성 | Config ······ 17
10. 사용자 도구 | Tool ······ 18

2 Modaris ······ 19

1. Modaris 단축키 ······ 20
2. F1 ······ 21
3. F2 ······ 22
4. F3 ······ 23
5. F4 ······ 24
6. F5 ······ 26
7. F6 ······ 27
8. F7 ······ 28
9. F8 ······ 30

Chapter 02 패 턴 | Pattern

1 시작하기 ········· 32

2 스커트 원형 | Basic Skirt Pattern ········· 36

1. 기초선 그리기 ········· 37
2. 완성선 - 뒤판 제도 ········· 40
3. 완성선 - 앞판 제도 ········· 48

3 바지 원형 | Basic Pants Pattern ········· 52

1. 기초선 그리기 ········· 53
2. 앞판 제도 ········· 58
3. 뒤판 제도 ········· 66
4. 주머니 그리기 ········· 80

4 상의 원형 | Basic Bodice Pattern ········· 84

1. 기초선 그리기 ········· 85
2. 완성선 그리기 ········· 91

5 소매 원형 | Basic Sleeve Pattern ········· 106

1. 기초선 그리기 ········· 107
2. 완성선 그리기 ········· 112

6 테일러드재킷 원형 | Tailored Jacket Pattern ········· 121

1. 뒤판 제도 ········· 122
2. 앞판 제도 ········· 133
3. 칼라 제도 ········· 148
4. 단 추 ········· 157
5. 주머니 제도 ········· 159
6. 두 장 소매 제도 ········· 166

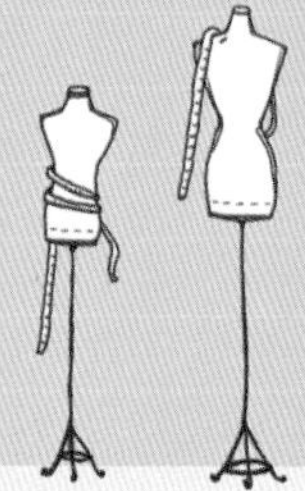

C.h.a.p.t.e.r

01 메뉴 | Menu

1. 상의 메뉴

1 파일 | File

Modaris는 패턴의 입력과 제작, 시접, 그레이딩 등의 패턴 제작을 위한 소프트웨어이다. Modaris는 피스와 가먼트, 시트를 따로 관리했던 기존의 방법과는 달리 피스와 가먼트를 통합한 모델과 시트라는 새로운 개념을 도입하여 ___.MDL(_.mdl)파일 하나만으로 패턴을 제작, 수정할 수 있다.

- **새모델 만들기(New)** : 새로운 모델(___.MDL)을 만들어 준다.
- **모델 열기(Open Model)** : 기존에 만들어진 모델 파일을 불러온다.
- **모델 추가(Insert Model)** : 원하는 패턴, 가먼트, 모델을 현재의 모델로 불러온다.
- **모델 저장(Save)** : 현재 파일을 같은 이름으로 저장한다. 이때 파일은 저장경로(Access Paths)의 모델 저장경로(Model save library)에서 지정된 경로로 저장된다. 같은 이름의 파일이 동일한 경로에 저장될 때는 "경고" 메시지가 나타나며, 덮어쓰기를 원할 때는 "OK"을 선택한다.
- **다른 이름으로 저장(Save as…)** : 현재 파일을 다른 이름으로 저장한다.
- **선택패턴 저장(Save selection)** : 시트 메뉴(Sheet)에서 sheet selection으로 선택한 피스만을 새로운 모델로 저장한다.
- **모델 제한 저장(Model save library)** : 모델 파일의 저장경로를 지정해 주는 기능이다.

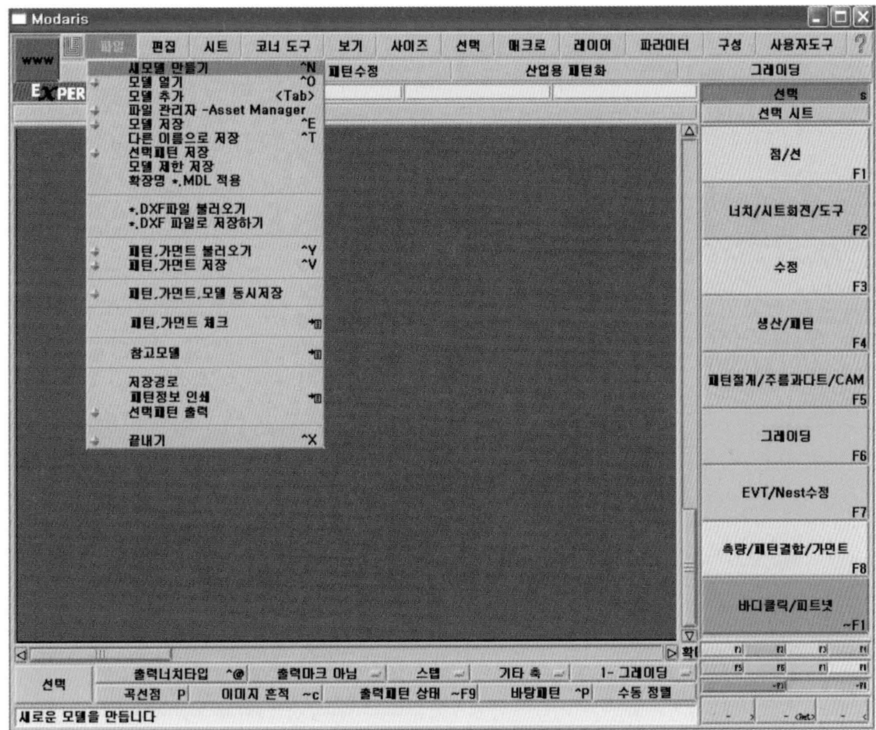

- 확장명 *.MDL 적용(Upcase *.MDL) : 모델 파일의 확장명을 대문자 _.MDL로 사용한다. 선택하지 않으면 모델 파일의 확장명이 소문자 _.mdl로 사용된다.
- 패턴, 가먼트 불러오기(Import Bl, Garment) : 추출된 _.IBA, _.VET 파일을 모델로 불러올 때 사용한다.
- 패턴, 가먼트 저장(Export Germent) : 가먼트에서 선택된 피스들이 _.IBA, _.VET 파일로 형성된다.
- 패턴, 가먼트, 모델 동시저장(Model validation) : 모델의 저장과 피스 추출을 동시에 한다.
- 참고모델(Reference) : 참고가 될 모델들을 만들어 다른 모델에 적용이 가능하다. 자주 사용되는 모양의 포켓이나 칼라, 자, 마크 도구 등을 임의의 참고 모델 경로로 만들어 놓고 사용할 수 있다. 이때 불러온 모델의 직접적인 수정은 불가능하며, 기존의 해당 파일에서 수정을 한 다음, 이 모델이 적용되었던 모든 파일은 자동으로 변화된다.
- 저장경로(access paths) : 모델, 가먼트, 그레이딩룰값, 참조 파일 등 모든 파일의 저 장 경로를 지정해 준다.
- 패턴정보 인쇄(Printing) : 현재 모델에 대한 목록을 출력한다.
  - Print : 가먼트 안의 패스 목록을 문자로 출력한다.
  - Characterisrice : 각 사이즈별로 길이, 각도 등을 출력한다.
  - Small chatavterisrice : Fabric Type 출력 사이즈별이 아니다.
- 선택패턴 출력(Selection drawing) : 시트 메뉴(Sheet)에서 Sheet selection으로 선택된

패턴을 Modaris에서 기본 프린트로 출력한다. 이때 출력의 선택 사항을 Vigiprint에서 마지막으로 저장된 피스 선택 사항에 맞추어 자동 출력된다.

- 끝내기(Quit) : Modaris를 종료한다.
- Don't confirm quit : 종료 확인 없이 Modaris를 바로 종료시키는 기능으로 저장되지 않은 파일에 대해서는 확인 메시지가 나타난다.

2 편집 | Edit

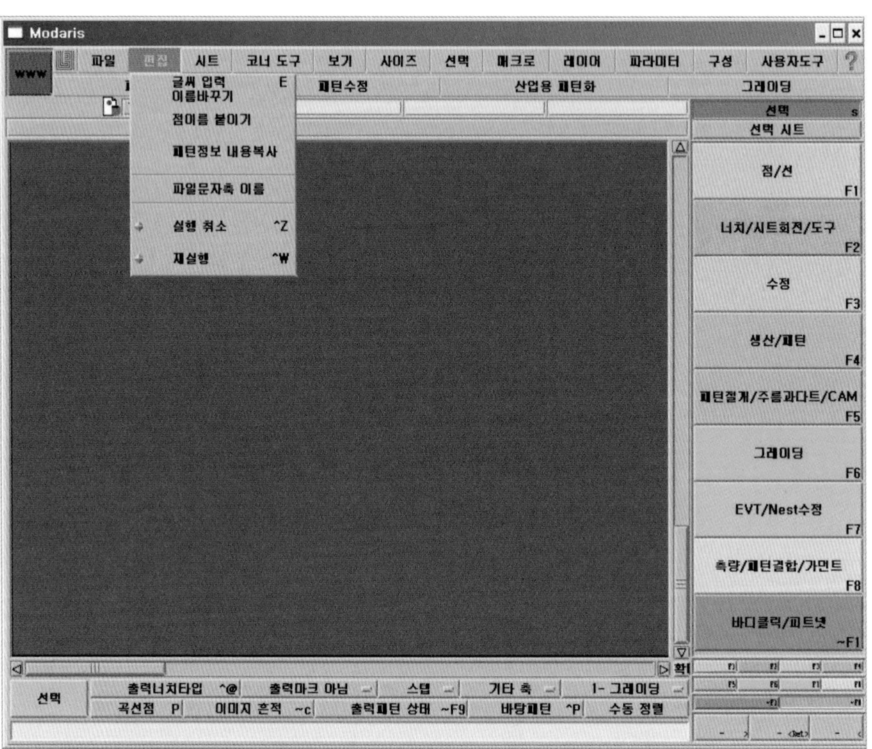

- 글씨 입력(Edit) : 문자를 입력할 수 있는 기능이다.
- 이름바꾸기(Rename) : 선택한 피스의 이름을 부분별로 바꾸는 기능이다.
- 점이름 붙이기(Paste a name) : 자동으로 점 이름을 넣어 주는 기능이다.
- 패턴정보 내용복사(Filed duplicate) : 패턴에 넣어 준 주석(comment)을 다른 패턴의 주석(comment)에 복사해 주는 기능이다.
- 파일문자축 이름(Ref, file name) : 참고 파일축(Reference Axis)에 파일 이름을 지정해 준다. 새로 파일 이름을 부여하거나, 이미 생성된 파일을 참고 파일 축에 적용시킬 때 사용한다. 이때 참고 파일은 저장경로(access path)의 참고 파일 저장경로(Text Ref, Files access)에서 지정한 경로가 적용된다.

- 실행 취소(Undo) : 실행을 취소하는 기능이다.
  - Nb,undo : 실행 취소할 반복 회수를 입력할 수 있다.
  - Zoom history : zoom 기능을 사용한 것에 있어서도 재실행 기능이 적용된다.
- 재실행(Redo) : 실행 취소한 기능을 다시 실행시키는 기능이다.
  - Nb, undo : 재실행할 반복 회수를 입력할 수 있다.
  - Zoom history : zoom 기능을 사용한 것에 있어서도 재실행 기능이 적용된다.

3 시트 | Sheet

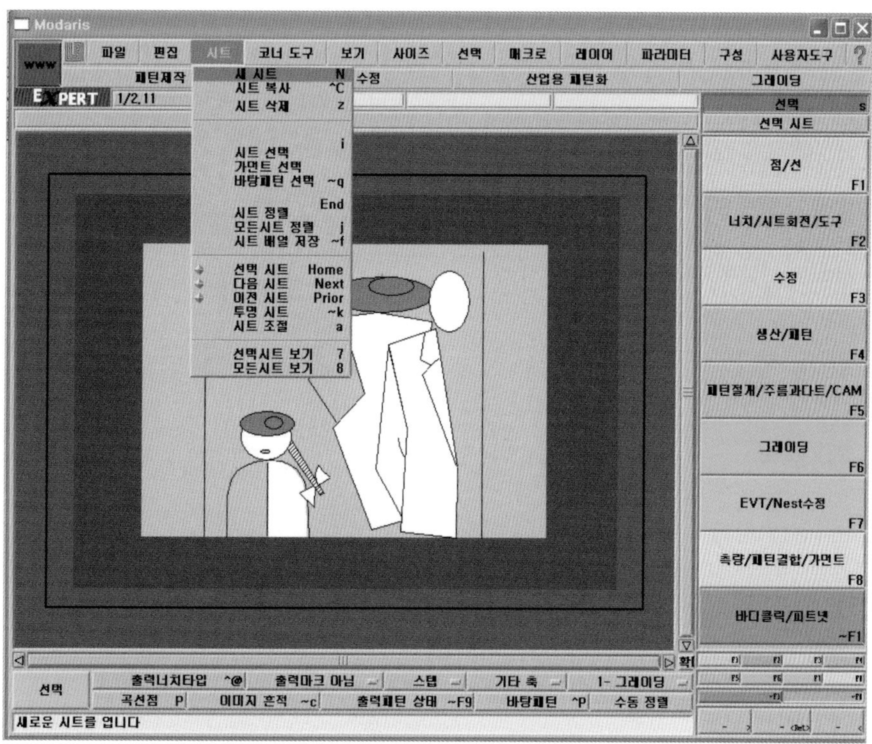

- 새 시트(New sheet) : 새로운 시트가 펼쳐진다.
- 시트 복사(Copy) : 선택된 시트를 복사한다.
- 시트 삭제(Delete) : 필요 없는 시트를 삭제한다. 이때 Shift 와 함께 사용하면 한번에 패턴 시트가 삭제된다.
- 시트 선택(Sheet Sel.) : 시트를 선택할 수 있다.
- 가먼트 선택(Variant selection) : 선택한 가먼트를 구성하고 있는 모든 패턴들이 동시에 선택된다.
- 바탕패턴 선택(Flat Pattern) : Flat Pattern을 선택했을 때, 이 패턴에서 추출된 모든 패

턴들이 선택된다.

- 시트 정렬(Arrange) : 선택한 피스는 차례대로 피스들의 마지막에 정렬된다.
- 모든시트 정렬(Arrange all) : 작업 화면에 있는 모든 피스들을 자동으로 정렬해 준다.
- 선택 시트(Recenter) : 현재 선택된 작업 시트를 화면의 중앙으로 맞추어 나타나게 하는 기능이다.
  - Focusing on sheet : 현재 선택된 작업 피스의 크기에 맞춰 화면에 확대해서 나타난다.
  - Focusing on geometry : 현재 선택된 패턴 크기에 맞춰 화면에 확대해서 나타난다.
  - No focus : 선택된 작업 피스가 현재 크기 그대로 적용되어 화면 중앙으로 맞추어 준다.
- 다음 시트(Next) : 현재 선택된 작업 시트를 기준으로 다음의 작업 시트를 화면의 중앙으로 맞추어 나타나게 하는 기능이다.
- 이전 시트(Previous) : 현재 선택된 작업 시트를 기준으로 이전의 작업 시트를 화면의 중앙으로 맞추어 나타나게 하는 기능이다.
- 투명 시트(Transparent) : 선택된 작업 시트를 보이지 않게 한다.
- 시트 조절(Adjust) : 작업시트를 패턴의 크기에 맞춰 조절된다.
- 선택시트 보기(Selective Visu.) : Sheet Sel.로 선택된 피스만 작업 화면에 정렬되어 보인다(Visu. All을 하기 전에는 현재 보인 시트만으로 작업 화면이 정렬된다).
- 모든시트 보기(Visu. All) : Selective Visu.로 선택한 피스만 보여진 작업 화면을 모든 피스 보기 상태로 되돌려 준다.

4 코너 도구 | Coner tools

- 코너 도구(Corner tool) : [F4]의 코너 정리(Change corner)의 옵션과 동일한 기능이다.
- 스텝(Step) : 시접 방향 라인을 그대로 연장한 모양으로 코너가 정리된다.
- 대칭(Symmetry) : 기준이 되는 완성선을 접어 그 시접이 접히는 방향에 따라 대칭되도록 코너가 정리된다.
- 직각(Perpendicular) : 시접의 코너를 직각으로 처리한다.
- 가변직각(Variable Perpendicular) : 시접의 코너를 가변 직각으로 처리한다.
- 경사각 1(Bevel 1) : 두 완성선의 시접이 끝나는 지점을 연결하여 그대로 코너를 잘라 정리한다.
- 경사각 2(Bevel 2) : 두 완성선의 이등분선이 기준이 되어 시접 코너를 잘라 정리한다.
- 비우기(Void) : 가위집을 넣어 코너를 정리한다.
- 코너 만들기(Create corner…) : 기존의 코너 도구를 사용해 변형된 새로운 모양의 코너를 만들어 저장할 수 있다.
- 코너 지우기(Delete corner…) : 새로 만든 코너 목록을 지워 준다.

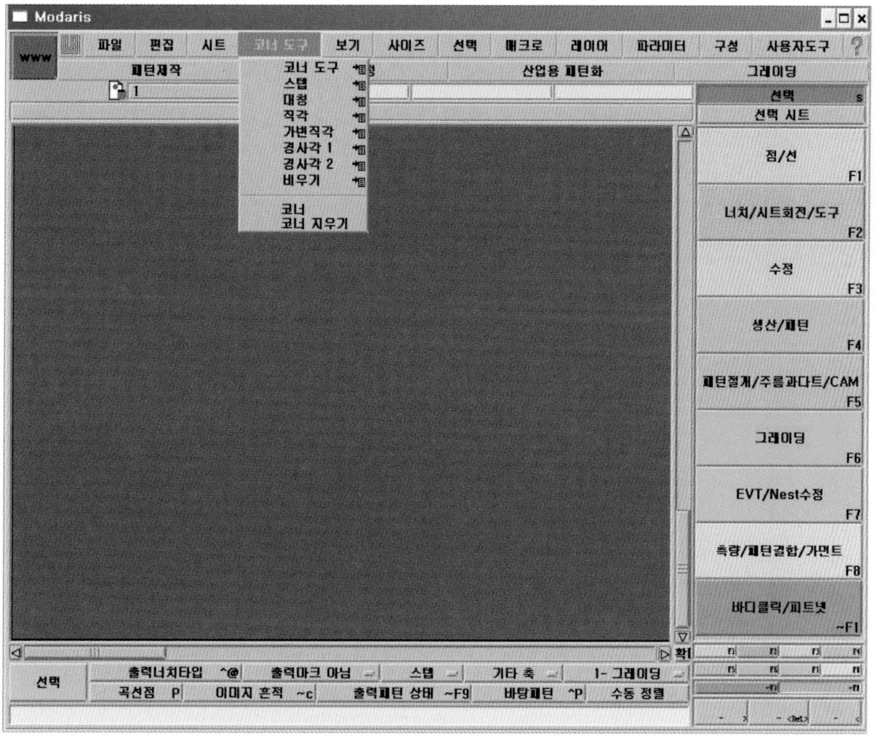

5 보기 | Display

- 실배율(Scale1) : 실제 크기로 패턴을 확대해서 작업 화면에 보여 준다.
- 곡선점(Curve Pts) : 현재 피스의 곡선점을 보여 준다(곡선점은 빨간색(x)으로 표시).
- 이미지 흔적(Print) : 패턴의 수정 작업을 보기 위해 사용하는 기능이다. 패턴을 수정하기 전에 먼저 Print 기능을 선택해 놓고 패턴을 수정하면 변화되기 전의 선이 분홍색 선으로 전시된다.
- 바탕패턴(FPAttern) : 현재 피스의 바탕 패턴 상태를 전시한다.
- 가먼트 미등록 패턴(Orphan pieces) : 작업 화면에 전시된 피스 중 가먼트에 등록된 피스와 그렇지 않은 피스들의 색을 구분한다.
- 출력패턴 상태(Cut Pieces) : 현재 피스의 완성선, 시접선, 피스 자름선 등을 전시한다.
- 봉제선 / 재단선(Seam / Cut) : 출력패턴 상태(Cut Pieces)로 패턴의 봉재선 / 재단선을 전시할 때 해당되는 옵션을 선택해 주는 기능이다.
  - Seam : 출력패턴 상태를 선택했을 때, 패턴의 완성선을 노란색으로 보여 준다.
  - Cut : 출력패턴 상태를 선택했을 때, 패턴의 재단선을 빨간색으로 보여 준다.
  - Seam & Cut : 출력패턴 상태를 선택했을 때, 패턴의 완성 / 재단선을 보여 준다.
- 대칭 숨기기(Hide Sym Obj) : [F5]의 [대칭패턴]으로 대칭 피스를 만들 때 의존성 추출

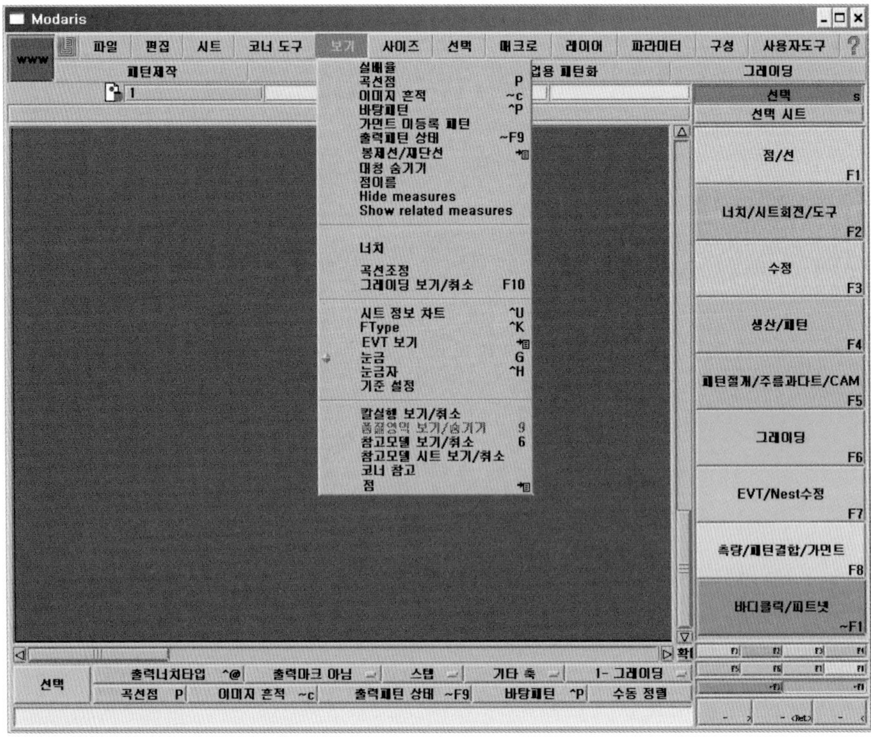

(Extraction with dependency) 기능으로 만들어진 대칭 피스일 경우 대칭이 되는 부분의 선을 숨겨 준다.

- 점이름(Point's Names) : Edit나 Paste a name으로 그레이딩값을 적용하기 위한 점 이름을 넣어 줬을 경우, 입력한 점 이름을 보여 준다.
- 너치(Notches) : 출력패턴 상태로 패턴 재단선 보기를 했을 경우, 너치도 재단선과 같이 빨간색으로 보인다.
- 곡선조정(Handles) : [F1] 의 [미세곡선]으로 만들어 준 미세 곡선을 정교하게 수정할 수 있다. 미세 곡선을 그려 준 다음, Handles 기능을 선택하면 미세 곡선에서 만들어 준 각 곡선점에 접선들이 나타난다. 이 접선들은 [F3]의 [점수정]으로 수정이 가능하다.
- 그레이딩 보기 / 취소(Size) : 그레이딩 상태 보기 / 안 보기 기능이다.
- 시트 정보 차트(Title block) : 피스에 대한 정보와 사이즈 테이블을 보여 준다.
- EVT 보기(Visualise EVT) : 선택한 그레이딩 차트를 전시하는 기능이다.
  - Grading : 일반 그레이딩 차트를 전시한다.
  - Spec. Grad.1 : 특수 그레이딩 1 차트를 전시한다.
  - Spec. Grad.2 : 특수 그레이딩 2 차트를 전시한다.
- 눈금(Grid) : 시트에 눈금을 보여 주어 패턴 제작의 정밀도를 높여 준다.
  - Grid Values : 눈금의 간격을 작업자가 원하는 대로 지정할 수 있다.
  - Grid Gravity : 설정된 눈금 간격에 꼭 맞추어 점, 선이 그려진다.

- 눈금자(Scale) : 시트에 좌표축을 전시해 준다.
- 기준 설정(Scale origin) : [F7] 의 [그레이딩상태 붙이기]를 할 때, 붙여 줄 패턴의 기준점을 잡아 준다.
- 칼실행 보기 / 취소(Show / Hide knife action) : 패턴 둘레의 칼 방향을 보여 주거나 숨겨준다(CAM 재단에 적용).
- 참고모델 보기 / 취소(Show protected objects) : Reference로 삽입된 피스의 색이 다른 색으로 변화되어 일반 패턴과 구분된다.
- 참고모델 시트 보기 / 취소(Show / Hide model sheet) : Reference로 피스를 삽입했을 때, 이 피스의 숨어 있던 참조 모델 시트를 보여 준다. 이 기능은 Reference로 삽입된 피스 시트를 지워야 할 때 선택하는 기능이다.
- 점(Point) : 보이는 점의 type을 바꿔 주는 기능이다.
  - By type : 각 점의 모양 그대로 보인다.
  - Same visual indicators : 모든 점이 같은 모양으로 보인다.
  - No Point : 모든 점 숨기기

6 사이즈 | Sizes

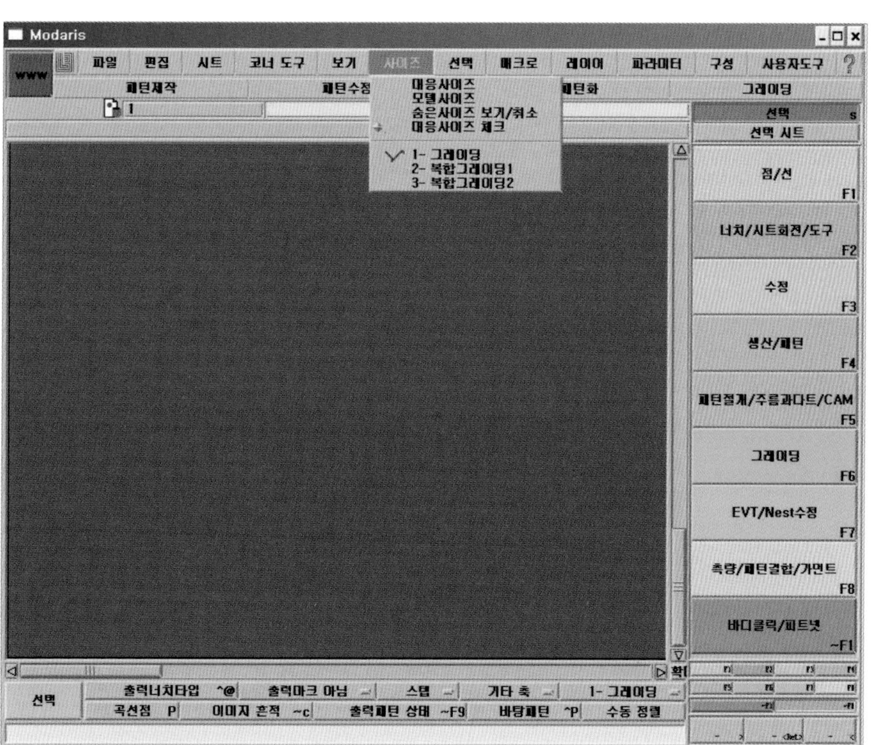

- 대응사이즈(Correspondence) : 사이즈 테이블이 다른 패턴을 불러 왔거나, 현재 사이즈 테이블에 다른 사이즈 테이블을 적용시켜야 할 때 주로 사용된다. 이는 그레이딩값이 들어 있는 패턴이 변형되지 않도록 서로 대응되는 사이즈를 연결시키기 위해 대응되는 사이즈를 볼 수 있도록 한다.
- 모델사이즈(Model size)
- 숨은사이즈 보기 / 취소(Show / Hide all sizes) : [F7] 의 [사이즈 삭제]로 지워 준 사이즈 목록 등 모든 숨어 있는 사이즈들을 보이거나 숨겨 준다.
- 대응사이즈(Check Correspondence)
  - 1 – Grading(1 – 그레이딩) : 일반 그레이딩 차트를 선택한다.
  - 2 – Spec. I Grad. 1(2 – 복합 그레이딩 1) : 특수 그레이딩 1 차트를 선택한다.
  - 3 – Spec. I Grad. 2(3 – 복합 그레이딩 2) : 특수 그레이딩 2 차트를 택한다.

7 선택 | Selection

- 구간 점 선택(Sequence) : 선택한 구간 내의 점, 너치 등이 선택된다. 선택 구간의 양 끝 두 점을 마우스의 왼쪽 버튼으로 클릭한 후 Space Bar 로 구간을 선택한다.
- 선택 취소(Deselect) : 선택된 모든 점, 선 등의 대상을 취소한다.
- 모든시트 선택(Select all sheets) : 모든 시트를 선택한다.
- 선택 대상(Object type) : 선택 기능을 적용할 대상들을 선택한다.
  - Point : 모든 점들이 선택된다.
  - Notch : 모든 너치들이 선택된다.
  - Current notch : 현재 너치 도구에서 선택된 너치 타입의 너치가 선택된다.
  - Line : 모든 선들이 선택된다.
  - Piece : 모든 피스들이 선택된다.
  - Axis : 모든 축들이 선택된다.
  - Mark : 모든 마크들이 선택된다.
  - Current mark : 현재 마크 도구에서 선택된 마크 타입의 마크가 선택된다.

  ※ 선택되지 않은 대상들은 오른쪽 마우스를 사용해 선택해도 선택에서 제외된다.
- 선택대상 필터(Filter) : Modaris 3.0 이전 버전에서 사용된 기능이다. 선택대상(Object type)과 사용이 동일하다.
- 선택대상 저장(Naming) : 선택된 점, 선 등의 선택사항에 임시 이름을 주어 저장한다. 먼저 점, 선 등을 선택한 후 기능을 선택하면 입력 상자가 나타나면 현재 선택된 사항에 대한 간단한 이름을 입력한다.

  ※ 선택 호출(Recall a selection)로 현재의 임시 저장 상태를 다시 불러올 수 있다.

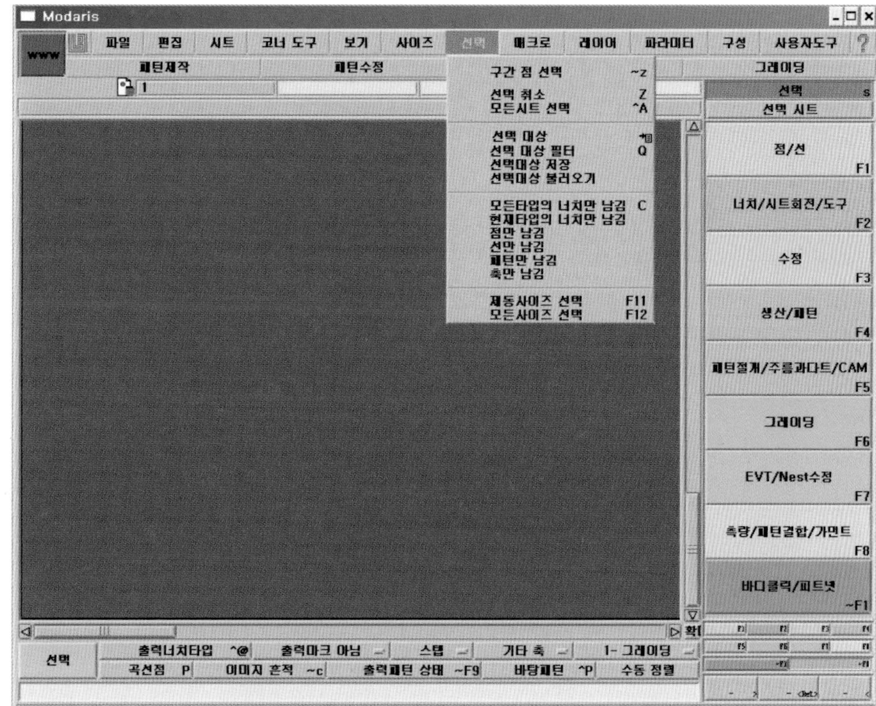

- 선택대상 불러오기(Recall a selection) : 선택 이름(Naming)으로 임시 저장된 선택 사항을 불러와 적용시키는 기능이다. 이 기능을 선택하면 입력 상자가 나타나는데, 이때 Tap 키를 눌러 저장된 목록을 보여 준다. 불러올 이름을 선택해 준 다음 Enter 를 눌러 주면 그 상태의 선택 사항이 적용된다.
- 모든타입의 너치만 남김(Notches filtre) : 피스에서 너치만 선택된다. Modaris 3.0 이전 버전에서 사용된 기능으로, 선택대상의 너치와 사용이 동일하다.
- 현재타입의 너치만 남김(Current Notches filter) : 현재 너치 도구에서 선택된 너치 타입만 피스에서 선택된다. Modaris 3.0 이전 버전에서 사용된 기능으로, 선택대상의 Current notch와 사용이 동일하다.
- 점만 남김(Point filter) : 피스에서 점만 선택된다. Modaris 3.0 이전 버전에서 사용된 기능으로, 선택대상의 Piece와 사용이 동일하다.
- 선만 남김(Line filter) : 피스에서 선만 선택된다. Modaris 3.0 이전 버전에서 사용된 기능으로, 선택대상의 Line과 사용이 동일하다.
- 패턴만 남김(Piece filter) : 피스만 선택된다. Modaris 3.0 이전 버전에서 사용된 기능으로 선택대상의 Piece와 사용이 동일하다.
- 축만 남김(Axis filtre) : 피스에서 축만 선택된다. Modaris 3.0 이전 버전에서 사용된 기능으로, 선택대상의 Axis와 사용이 동일하다.
- 제동사이즈 선택(Break sizes) : 사이즈 테이블에서 가장 작은 사이즈, 기본 사이즈, 가장 큰 사이즈, 제동 사이즈만 선택된다. F6의 [그레이딩상태 보기]로 선택된 사이즈의 그레

이딩 상태를 볼 수 있다.

- 모든 사이즈 선택(All sizes) : 사이즈 테이블에서 모든 사이즈가 선택된다. F6의 [그레이딩상태 보기]로 선택된 사이즈의 그레이딩 상태를 볼 수 있다.

8 파라미터 | Parameters

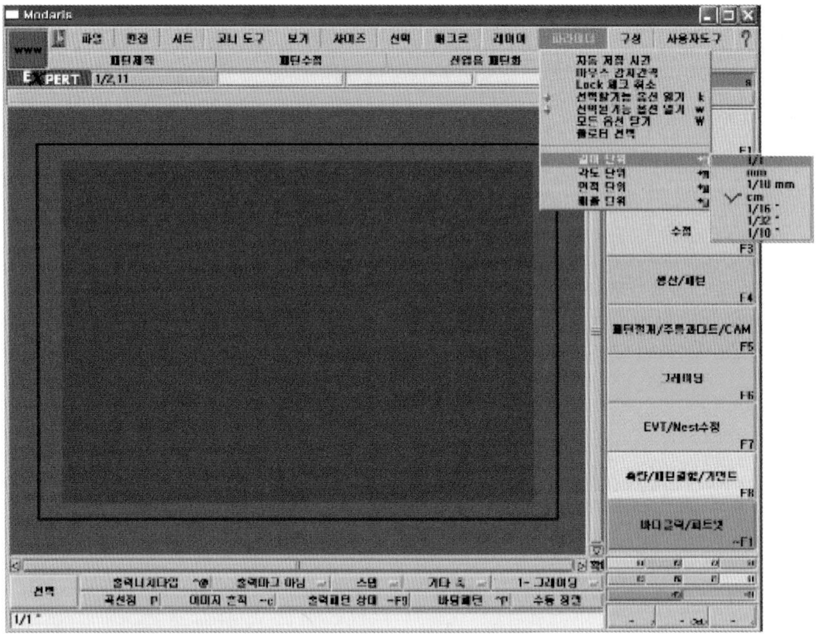

- 자동 저장 시간(Automatic save) : 입력상자에 시간을 입력해 주면 일정한 시간 간격으로 현재 모델을 자동 저장한다. 이때 작업 모델은 저장경로(Access Paths)의 모델 저장경로 (Model save library) 에서 지정되어 있는 경로로 저장된다.
- 마우스 감지간격(Click precision) : 정밀한 패턴 작업을 위해 설정해 주는 값으로, 작업화면에서 마우스를 사용함에 있어 포인트를 인식하는 정밀도이다. 입력상자에 입력한 수치 내에 있는 포인트 근접에 가서 마우스를 클릭하면 정확한 포인트를 인식하여 기능을 실행하게 된다.
- 선택할 기능 옵션 열기(Associat. Param.) : 옵션이 있는 기능을 선택하면 옵션 기능창이 자동으로 열린다. 먼저 선택할 기능 옵션 열기를 선택해 놓은 다음, 옵션이 있는 기능을 선택하면 옵션창이 자동으로 나타난다.
  - Multi. Param. Box. : 옵션 기능창을 다중으로 열 수 있다. 이 옵션이 선택되지 않으면 기존의 옵션창은 닫히고, 다음에 선택한 옵션창이 열린다.
- 선택된 기능 옵션 열기(Actu. Associat. Param.) : 옵션이 있는 기능이 선택된 상태에서

수치창(Actu. Associat. Param.)을 선택하면 옵션창이 자동으로 나타난다.

- Multi. Param. Box. : 옵션 기능창을 다중으로 열 수 있다. 이 옵션이 선택되지 않으면 기존의 옵션창은 닫히고, 다음에 선택한 옵션창이 열린다.

• 모든 옵션 닫기(Assoc. Param. Clos.) : 열려 있는 옵션창들을 모두 닫아 준다.

• 길이 단위(Length unit) : 현재 사용되고 있는 길이의 단위를 바꿔 줄 수 있으며 입력상자, 측량 등 모든 수치에 적용된다.

- 1/1″/ mm / 1/10 mm/ cm / 1/16″/ 1/32″/ 1/10″

• 각도 단위(Angle unit) : 현재 사용되고 있는 각도의 단위를 바꿔 줄 수 있으며 입력상자, 측량 등 모든 수치에 적용된다.

- Decimal degree : 십진수 단위로 입력, 사용(일반적인 사용)
- Gr / Dy

• 면적 단위(Area unit) : 현재 사용되고 있는 면적의 단위를 바꿔 줄 수 있으며 입력상자, 측량 등 모든 수치에 적용된다.

- 1/1″ / mm / 1/10mm / cm^2
- 1/16″ / 1/32″/ 0.1″

• 배율 단위(Scale unit) : 현재 사용되고 있는 배율의 단위를 바꿔 줄 수 있으며 입력상자, 측량 등 모든 수치에 적용된다.

- 분수 단위(Fract, scale)
- 실배율 단위(Real scale)

9 구성 | Config

• 아이콘 / 문자(Icon / Text) : [F1] 부터 [F8] 까지의 모든 기능 이름을 아이콘 또는 문자로 바꿔 준다.

• 도움말 없음(No help) : 작업화면 하단에 있는 도움말 표시줄을 숨겨 준다.

• 상태바 없음(No status) : 작업화면 하단에 있는 현재 작업 상태 표시줄을 숨겨 준다.

• 도움말 화면위로(Help to top of scr.) : 작업화면 하단에 있는 도움말 표시줄을 작업화면 위로 옮겨 준다.

• 상태바 화면위로(Starus to top of scr.) : 작업화면 하단에 있는 현재 상태 표시줄을 작업화면 위로 옮겨 준다.

• 자동 *.pst(.pst auto) : 도식화를 그리는 프로그램인 Graphic Spec에서 만든 도식화 파일을 자동으로 참조 모델화면 상단에 전시해 준다. 이 기능은 Graphic Spec의 소프트웨어 프로그램과 함께 License가 있어야 사용 가능하다.

• 화면구성 조정(Configure) : 작업 화면을 재구성해 줄 수 있다.

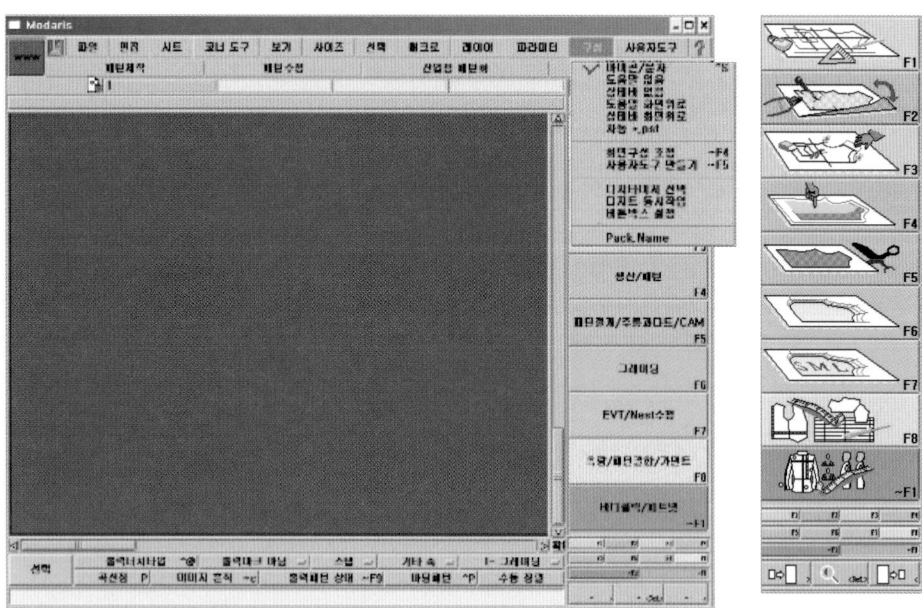

- 사용자도구 만들기(Move control) : Tool 기능을 구성하기 위해 사용된다.
- 디지타이저 선택(Init. Digit) : 디지타이저를 선택한다.
- 디지트 동시작업(Grab digit) : 디지타이저로 패턴을 입력하면서 다른 작업을 할 수 있다.
- 버튼박스 설정(Grab button box) : 버튼 박스를 연결시켜 준다.

10 사용자 도구 | Tool

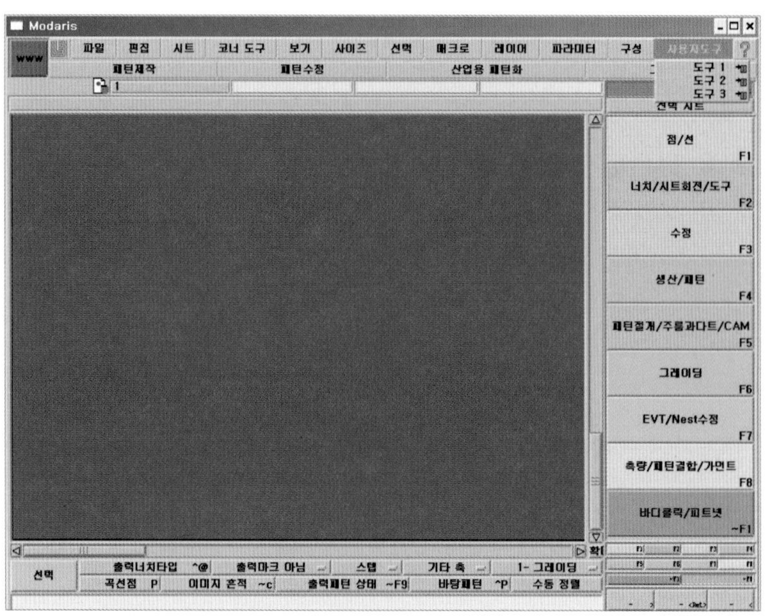

원하는 기능만을 선택해 작업자가 원하는 대로 새로이 구성할 수 있다. 도구 만들기(Move control)와 함께 사용된다.

먼저 도구 만들기(Move control)의 도구 복사(Duplicate)를 선택해 놓는다.

➡ [F1]~[F8]이나 Menu Bar에 있는 여러 기능 중에서 새로운 도구 모음으로 구성하려는 것을 마우스의 왼쪽 버튼으로 클릭해가면서 선택해 나간다. 도구 만들기(Move control) 화면으로 선택한 기능들이 추가되면서 보인다.

➡ 원하는 기능의 선택이 끝났으면 도구 만들기의 도구 삽입(Insert)을 선택한다.

➡ 도구 만들기(Move control) 화면에 모여진 기능 하나를 마우스의 왼쪽 버튼을 누른 상태에서 그대로 도구 모음(Tool)으로 끌어다 넣어 준다.

➡ 도구 모음(Tool)에서 삭제하고 싶은 것은 도구 만들기(Move control)의 도구 추출(Extract)을 사용해 선택해 주면 된다.

2. Modaris

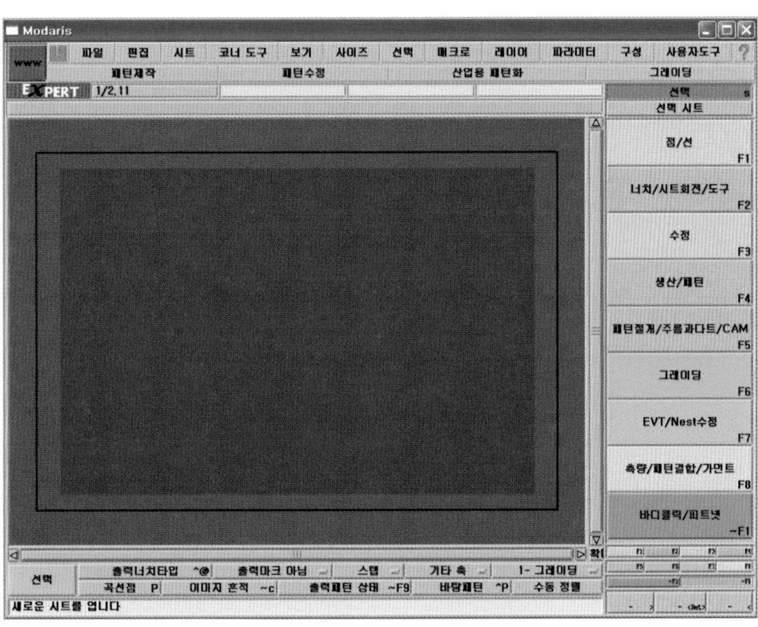

Modaris는 패턴의 입력과 제작, 시접, 그레이딩 등의 Pattern Making을 위한 소프트웨어이며, 한 스타일에 대해 _.IBA, _.VET, _.ALF 파일들을 따로 관리했던 기존의 방법과는 달리 모델(모든 피스와 가먼트들을 통합한 개념)과 시트라는 새로운 개념을 도입하여 _.MDL(혹은 _.mdl) 파일 하나만으로 패턴을 제작, 수정할 수 있다.

1 Modaris 단축키

단축키	설 명
J	모든 시트를 전체화면에 차례대로 정렬시켜 준다.
Home	선택한 시트(짙은 회색으로 표시됨)를 전체 화면에 보여 준다.
Enter	특정 부위를 확대해서 보는 기능으로 커서가 돋보기 모양으로 바뀐다.
Z	시트를 삭제하는 기능으로 커서가 해골 모양으로 바뀐다. Shift 를 누른 상태에서 원하는 시트를 클릭하면 삭제된다.
Delete	점 / 선을 삭제하는 기능이다([F3] [Delete]의 단축키).
I	시트를 선택하는 기능이다. 커서가 손 모양으로 바뀐다.
A	피스에 알맞게 시트의 크기를 조절해 준다.
S	선택 기능이다(마우스의 오른쪽 버튼과 동일하다).
Ctrl + Z	실행 취소 기능이다.
Ctrl + W	재실행 기능이다.
Ctrl + U	시트 정보 차트를 보여 준다.
Ctrl + #3	출력 패턴 보기 기능으로 cut piece 보기와 비슷하며, 점 / 선 생성, 수정 등이 가능하다.
A	회전 가능한 피스를 10° 씩 반시계 방향으로 회전한다.
S	회전 가능한 피스를 10° 씩 시계 방향으로 회전한다.
Q	회전 가능한 피스를 1° 씩 반시계 방향으로 회전한다.
W	회전 가능한 피스를 1° 씩 시계 방향으로 회전한다.
↓ ↑	기능 실행 시, 입력상자에 정확한 수치 입력 시 방향키를 쓴다.
X Y	축 대칭이 가능한 기능에서 피스를 X, Y축으로 대칭시켜 준다.
Esc	잘못된 기능의 실행 시 명령을 취소시켜 준다.
Shift	선택이나 기능의 이용 시 대체로 복수의 개념으로 사용된다.
Ctrl	기능의 이용 시 정직 혹은 45° 로 사용된다.
Space Bar	기능의 이용 시 방향이나 선택, 기능을 실행할 때 전환 기능으로 사용된다.

2 F1

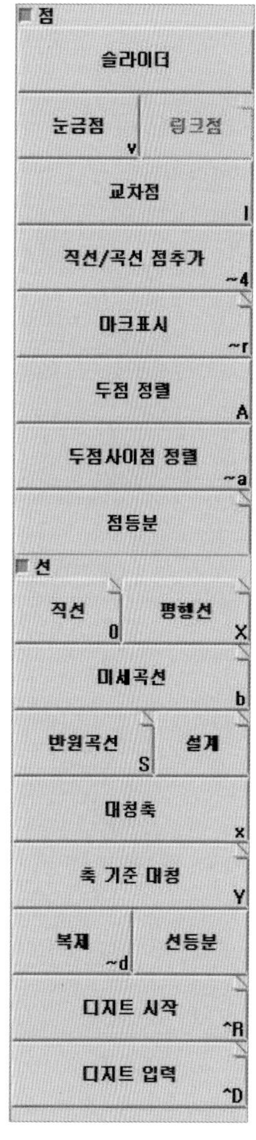

■ 점

- 슬라이더(Slider) : 선 위에 임의의 점을 찍어 주는 기능
- 눈금점(Developed) : 선 위에 한 점으로부터의 거리를 보여 주는 점을 찍어 주는 기능
- 링크점(Linked) : 점 또는 선에 연결되어 그 점 또는 선에 연관성을 가지는 점을 찍어 주는 기능
- 교차점(Intersection) : 선과 선이 만나는 교차 표시를 해 주는 기능
- 직선/곡선점 추가(Add point) : 선에 점을 추가하여 직선점, 곡선점을 만들 수 있는 기능
- 마크 표시(Relative point) : 어떤 한 지점(점, 선, 면)과 연결되어 그 곳으로부터 원하는 방향에 하나의 점을 찍는 기능
- 두점 정렬(Ali2Pts) : 선택한 두 점을 가로 또는 세로 방향으로 일직선화시키는 기능
- 두점 사이점 정렬(Ali3Pts) : 두 점이 이루는 직선 내에 있는 하나의 점을 선택하여 직선으로 정렬시키는 기능
- 점 등분(Division) : 선택한 두 점을 직선 연결하는 부분에, 원하는 개수만큼 등분하여 점을 찍어 주는 기능(단춧구멍 위치 정하기 등에 사용)

■ 선

- 직선(Straight) : 직선을 그려 주는 기능
- 평행선(Parallel) : 직선 곡선에 평행선을 만들 때 사용
- 미세 곡선(Bezier) : 고정된 점에 의해 정교한 곡선을 만드는 기능
- 반원 곡선(Semi circular) : 반원형 형태의 곡선을 그릴 때 사용
- 설계(Trace) : 한 점과 이어지는 점 간의 변화수치를 알아야 할 때 사용
- 대칭축(Sym. Axis) : 패턴을 대칭화시키기 위해서 필요한 기능
- 축 기준 대칭(Symmetrize) : Sym. Axis(대칭축)로 만들어진 대칭축을 가진 패턴에서 그 축에 대칭하는 점과 선을 선택하여 만들 때 사용
- 복제(Duplicate) : 패턴의 점, 선, 윤곽 등을 그대로 복제할 수 있는 기능
- 선 등분(Sequence division) : 두 점으로 연결되어 있는 선 위를 원하는 등분의 개수만큼 등분수를 지정하여 점을 찍어 주는 기능

- 디지트 시작(Digit) : 디지타이저에 있는 실제 사이즈 패턴의 식서를 무선 마우스로 입력할 때 사용
- 디지트 입력(Recover Digit) : 실제 사이즈의 패턴을 입력할 때 사용

3 F2

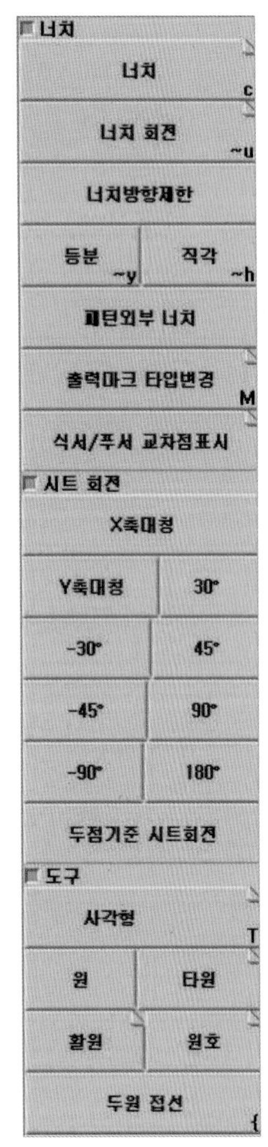

너 치

- 너치(Notch) : 원하는 위치 에너치를 표시할 때 사용
- 너치 회전(Orientation) : 너치를 원하는 쪽으로 회전시킬 때 사용
- 너치 방향 제한(Force notch projection) : 패턴의 코너 부분의 너치를 경사가 급하게 회전시킨 경우 너치가 반대편으로 돌아가는 현상이 생기는데, 이때 너치의 방향에 제한을 두어 너치의 돌아감을 방지하는 기능
- 등분(Bisecting line) : 두 선분으로 이루어진 각도 사이에 들어가는 너치를 등분할 때 사용
- 직각(Perpendicular) : 한 선을 기준으로 너치 방향을 그 선에 대한 직각 방향으로 조절해 줄 때 사용
- 패턴외부 너치(Outside notche) : 너치를 패턴 밖으로 회전시켜 줄 때 사용
- 출력마크 타입 변경(Marking) : 기존에 표시된 점 또는 출력마크 타입을 Option의 마크 종류 중 선택된 마크 타입으로 변경할 때 사용
- 식서 / 푸서 교차점 표시(Grain / Cross marking) : 식서와 푸서가 교차하는 점을 Option의 마크 타입에 따라 표시해 줄 때 사용

시트 회전

- X축 대칭(X Sym)

  30 : 30° 기준 대칭　　45 : 45° 기준 대칭

  90 : 90° 기준 대칭　　180 : 180° 기준 대칭
- Y축 대칭(Y Sym)

  -30 : -30° 기준 대칭　　-45 : -45° 기준 대칭

  -90 : -90° 기준 대칭
- 두점기준 시트 회전(Rot 2pt)

■ 도 구

- 사각형(Rectangle) : 사각형을 그릴 때 사용
- 원(Circle) : 원을 그릴 때 사용
- 타원형(Oval) : 타원형을 그릴 때 사용
- 활원(Arc arrow) : 원의 일부분의 높이가 항상 동일한 활원을 만들 때 사용
- 원호(Arc radius) : 반지름이 일정한 원의 반원 이하의 일부분을 그려 원호를 만들 때 사용
- 두원 접선(2Circles tangent) : 두 원의 접선 길이를 이용해 직선을 그릴 때 사용

4 F3

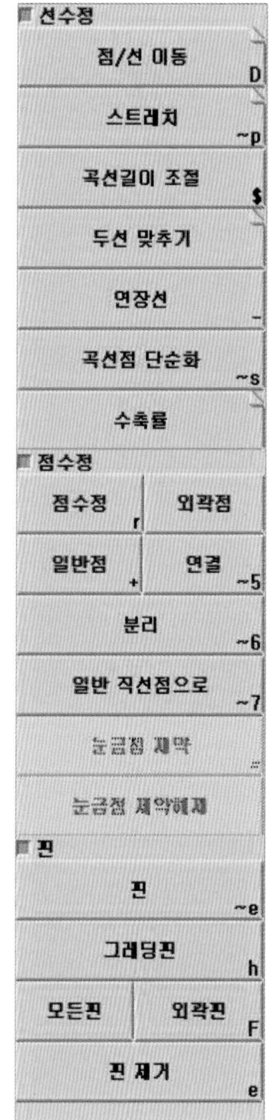

■ 선수정

- 점/선 이동(Move) : 패턴 및 점, 선을 움직이는 기능으로 패턴 전체를 움직이거나 [F3]의 [Pin] 기능으로 움직이면 안 되는 점을 고정시킨 후 나머지 부분을 이동하여 패턴을 수정시키는 데 활용하기도 한다.
- 스트레치(Stretch) : 패턴상에 분리되어 있는 점을 기준으로 나누어진 선을 회전시키는 기능
- 곡선길이 조절(Lengthen) : 두 점 사이의 길이를 조절하는 기능으로, 곡선에만 적용
- 두선 맞추기(Adjust 2 lines) : 서로 교차되지 않거나, 연장된 선을 교차 지점에 맞춰 주는 기능으로 그레이딩값이 포함된 선에 있어서도 적용된다.
- 연장선(Len.Str.Line) : 외곽점과 외곽점 사이 선의 연장선을 그릴 때 사용
- 곡선점 단순화(Simplify) : 외곽점과 외곽점 사이 곡선의 형태를 자연스럽게 수정해 준다. 오차 허용한계 내에서 곡선점의 수를 줄여 최소화시켜 준다.
- 수축률(Shrinkage) : 패턴 전체를 원하는 양만큼 수축시키는 기능으로 원단에 수축률이 주어지는 니트웨어나 수영복 등에 주로 사용

■ 점수정

- 점수정(Reshape) : 패턴 수정 시 사용하는 기능으로 점을 이동시켜 준다.

- 외곽점(Section) : 점의 성질을 바꿔 주는 기능으로 일반점 및 곡선점을 외곽점화시킬 때 사용
- 일반점(Merge) : 점의 성질을 바꿔 주는 기능으로 외곽점을 일반점화시킬 때 사용
- 연결(Attach) : 두 개의 점을 하나의 점으로 인식시켜 준다.
- 분리(Detach) : 하나의 점을 두 개의 점으로 분리시켜 준다.
- 일반 직선점으로(Insert Point) : Intersection, Slider, Developed point와 같은 특수점을 일반점으로 바꿔 주어 점의 성질을 가지도록 하는 기능
- 눈금점 제약(Constraint) : 두 점의 Developed point에 제약을 걸어 한 점의 움직임을 따르게 할 때 사용(암홀과 진동둘레의 Notch point 등에 눈금점 제약을 걸어 사용하면 편리)
- 눈금점 제약 해제(Delete Constraint) : 눈금점 제약을 해제시켜 각각의 독립된 Developed point를 만들 때 사용

■ 핀

- 핀(Pin) : 패턴의 일부 또는 전체를 핀을 꽂아 고정시킬 때 사용
- 그레이딩핀(Pin graded Pts) : 그레이딩값이 주어진 모든 점에 핀이 꽂을 때 사용
- 모든 핀(Pin charavts. Pts) : 모든 점에 핀이 꽂을 때 사용
- 외곽핀(Pin ends) : 모든 외곽점에 핀을 꽂을 때 사용
- 핀 제거(Remove Pin) : 꽂혀진 모든 핀들을 제거해 줄 때 사용

5 F4

■ 생 산

- 바탕시접(Line seam) : 시접을 주는 기능
- 바탕시접 취소(Del.line seam val.) : 바탕시접 기능으로 만든 시접 분량을 삭제할 때 사용
- 패턴시접(Piece seam) : 시접 주기 기능
- 패턴시접 취소(Del. piece seam val.) : 패턴시접 기능으로 만든 시접 분량을 삭제할 때 사용
- 심지(Fusing value) : 패턴에 심지를 넣어 주는 기능
- 심지 취소(Del. fusing val.) : 심지 분량을 삭제할 때 사용
- 축 그리기(Axis) : Option에서 원하는 축의 종류를 선택하여 원하는 위치에 축을 그을 때 사용
- 트임코너 지정(Add corner) : 한 선 위에 기본 시접의 분량과 다른 분량의 시접을 원하는 영역에 넣을 수 있는 기능으로 소매나 스커트 뒤트임의 시접에 주로 사용
- 코너시접 정리(Change corner) : 패턴 코너 부분의 시접을 정리, 수정할 때 사용
- 코너시접 복사(Report corner) : [F4]의 [코너시접 정리]로 정리, 수정해 준 코너시접을

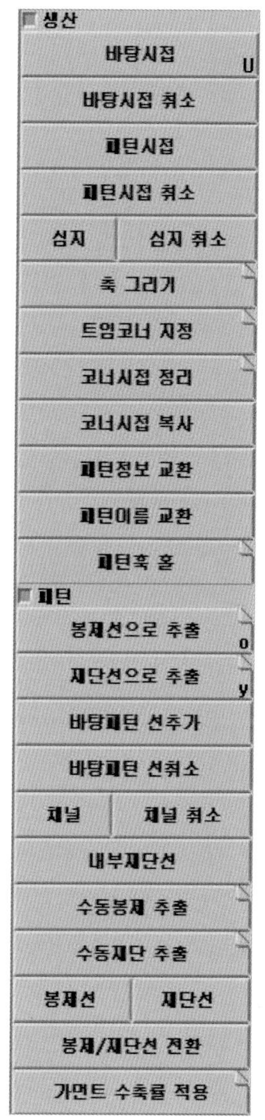

다른 코너에 복사해 주는 기능

- 패턴정보 교환(Exchange data) : 두 피스 간에 Title block을 구성하고 있는 모든 정보를 서로 교환할 때 사용
- 패턴이름 교환(Swap piece's name) : 두 피스의 이름을 교환할 때 사용
- 패턴훅 홀(Pattern hook hole) : 여러 패턴들을 묶을 수 있도록, 피스의 내부에 패턴 걸이 구멍을 만들 때 사용

패 턴

- 봉제선으로 추출(Seam) : 피스를 봉제선(완성선)으로 인식하여 피스들을 자동 추출할 때 사용
- 재단선으로 추출(Cut) : 피스를 재단선으로 인식하여 피스들을 자동 추출할 때 사용
- 바탕패턴 선추가(Import Piece) : [F4]의 [봉제선으로 추출], [재단선으로 추출]으로 추출 중 option의 Extraction with depende-ncy로 추출된 피스에 바탕패턴으로부터 온 내부의 점이나 선, 너치 등을 넣어 줄 때 사용
- 바탕패턴 선 취소(Export Piece) : [바탕패턴 선추가] 한 내부 대상(점이나 선)들을 지우는 기능
- 채널(Chanel) : 선으로 이루어진 패턴에서 특정한 약속된 선을 나타내 주고 싶을 때 일반 선을 채널로 인식시켜 줌으로써 출력 시 선의 색, 모양, 굵기 등을 일반선과 다르게 구분지어 줄 수 있는 기능
- 채널 취소(Not Chanel) : 채널로 선택한 선을 취소하고 일반선으로 바꿀 때 사용
- 내부 재단선(Internal Cut) : 피스 내 존재하는 내부선을 재단선으로 만들 때 사용(입술 포켓)
- 수동 봉제 추출(Man.Seam Extr.) : 수동 방식으로 추출되는 선분이 완성선으로 인식되어 추출할 때 사용
- 수동 재단 추출(Man.cut Extr.) : 수동 방식으로 추출되는 선분이 재단으로 인식되어 추출할 때 사용
- 봉제선(Seam creation) : 피스의 봉제선을 선으로 인식시켜 시접 부분을 원하는 모양으로 수정이 가능
- 재단선(Cut Creation) : 피스의 재단선을 선으로 인식시켜 시접 부분을 원하는 모양으로 수정이 가능
- 봉제 / 재단선 전환(Exchange) : 패턴의 봉제선과 재단선을 서로 바꿔 준다.

6 F5

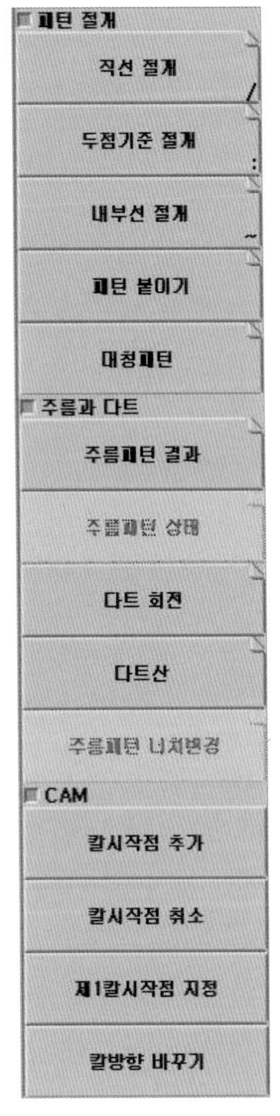

■ 패턴 절개

- 직선 절개(Cut Straight) : 피스를 직선으로 절개할 수 있는 기능
- 두점 기준 절개(Cut2Pts) : 선택한 두 점을 기준으로 직선 절개할 수 있는 기능
- 내부선 절개(Cut Plot) : 내부선이 있는 패턴일 경우 원하는 내부선 대로 패턴을 절개할 수 있는 기능
- 패턴 붙이기(Join) : 잘려진 패턴들을 붙여 줄 수 있는 기능
- 대칭패턴(Sym2Pts) : 지정한 대칭축을 중심으로 대칭패턴이 펼쳐질 수 있는 기능

■ 주름과 다트

- 주름패턴 결과(Eff. Fold creation) : 패턴에 주름을 넣는 기능
- 주름패턴 상태(Fold creation) : 패턴에 주름을 넣어 주는 기능
- 다트 회전(Pivoting Dart) : 다트를 이동시키거나, 하나의 다트를 두 개로 나눠 줄 수 있는 기능
- 다트산(Dart cap) : 다트산을 만들어 주는 기능
- 주름패턴 너치 변경(Change fold notches) : [주름패턴 상태] 기능으로 만든 주름의 너치 타입을 수정할 수 있는 기능

■ CAM

- 칼 시작점 추가(Add a Knife action) : 원하는 위치에 클릭함으로써 칼 시작점을 추가할 수 있는 기능
- 칼 시작점 취소(Remove a Knife action) : 칼 시작점을 지정한 곳을 클릭함으로써 시작점을 취소할 수 있는 기능
- 제1칼 시작점 지정(First Knife action) : 칼이 지나가는 순서대로 매겨진 번호를 클릭함으로써 칼 시작 순서를 바꿀 수 있는 기능
- 칼 방향 바꾸기(Change Knife direction) : 화살표를 클릭함으로써 칼이 움직이는 방향을 바꿀 수 있는 기능

7 F6

■ 그레이딩 작업

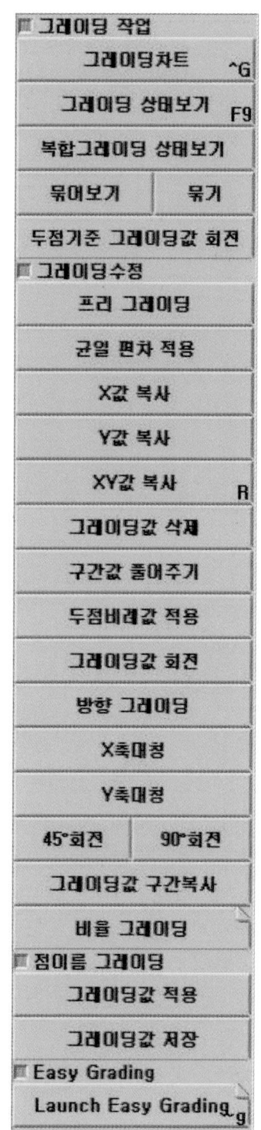

- 그레이딩 차트(Control) : 패턴 위의 한 점에 그레이딩값을 넣어 주거나 확인하여 수정할 수 있는 기능
- 그레이딩 상태보기(Nest) : 선택된 사이즈의 그레이딩 상태를 보여 줄 수 있는 기능
- 복합그레이딩 상태보기(Complex nest) : Special grading을 사용하였을 경우 이 기능을 이용하여 복합적으로 들어가 있는 그레이딩의 상태를 확인할 수 있는 기능
- 묶어보기(Packing) : 그레이딩된 패턴을 한 점을 기준으로 임시적으로 묶어 봄으로써 묶은 점의 대칭되는 라인의 그레이딩 상태를 확인할 수 있는 기능
- 묶기(Eff. Packing) : [묶어보기]와 같이 패턴의 그레이딩 값을 묶는 기능(저장이 가능하여 영구적)
- 두 점 기준 그레이딩값 회전(Orient. 2pts) : 그레이딩된 패턴을 두 점을 기준으로 회전시킬 수 있는 기능

■ 그레이딩 수정

- 프리 그레이딩(Free grading) : 선택한 점에 입력된 모든 그레이딩값을 삭제하거나, 그레이딩이 되어 있는 패턴의 한 점을 부드럽게 그레이딩시켜 준다.
- 균일 편차 적용 : 그레이딩값 사이에 균일한 편차값을 주는 기능
- X값 복사(ReportX) : 그레이딩값이 주어진 점의 X축 그레이딩값을 복사할 수 있는 기능
- Y값 복사(ReportY) : 그레이딩값이 주어진 점의 Y축 그레이딩값을 복사할 수 있는 기능
- XY값 복사(Equate) : 그레이딩된 점을 X, Y축 그레이딩값을 복사할 수 있는 기능
- 그레이딩값 삭제(Linearise) : 선택한 점에 입력된 현재 그레이딩값을 삭제할 수 있는 기능
- 구간값 풀어주기(GraPro) : 중간에 그레이딩이 되어 있지 않은 점에 구간 양끝 점의 그레이딩값에 비례적으로 그레이딩값을 자동적으로 주는 기능
- 두점비례값 적용(Pro2Pts) : 공간 위 두 점의 그레이딩값에 비례해서 두 점 사이의 점에 그레이딩값을 줄 수 있는 기능

- 그레이딩값 회전(GraRot) : 지정해 준 축의 방향으로 모든 사이즈의 그레이딩이 묶여 줄 수 있는 기능
- 방향 그레이딩(Oriented grading) : 좌표값을 잡기 어려운 패턴일 경우 패턴 선상의 방향으로 그레이딩값을 넣어 줄 수 있는 기능
- X축 대칭(XSym) : 그레이딩값이 X축으로 대칭할 수 있는 기능으로, Y축 그레이딩값의 +, − 값이 바뀐다.
- Y축 대칭(YSym) : 그레이딩값이 Y축으로 대칭할 수 있는 기능으로, X축 그레이딩값의 +, − 값이 바뀐다.
- 45° 회전(Rot45) : 그레이딩값이 45° 회전할 수 있는 기능
- 90° 회전(Rot90) : 그레이딩값이 90° 회전할 수 있는 기능
- 그레이딩값 구간복사(Repsq) : 패턴의 한 구간의 그레이딩값을 복사해서 다른 패턴의 한 구간에 그대로 적용시킬 수 있는 기능
- 비율 그레이딩(Pantograph) : 해당된 사이즈에 있는 수치를 그레이딩에 사용하거나 원하는 배율대로 그레이딩할 수 있는 기능

■ 점이름 그레이딩

- 그레이딩값 적용(Load rule) : [그레이딩값 저장]으로 저장된 그레이딩값을 불러와서 다른 점에 적용시키는 기능
- 그레이딩값 저장(Save Rule) : 그레이딩된 점의 값을 저장하는 기능

8 F7

■ 사이즈테이블

- 대응사이즈 연결(Add C.S.) : 새로운 패턴의 사이즈의 형식을 기존의 사이즈의 형식에 매치시키는 기능
- 대응사이즈 연결 끊기(Del C.S.) : [F7]의 [대응사이즈 연결]로 연결된 대응 사이즈를 취소시키는 기능
- 사이즈 추가(Add, Size to prod) : 패턴의 왼쪽의 size table에서 사이즈를 추가할 때 사용하는 기능
- 사이즈 삭제(Del. Size to prod) : 패턴의 왼쪽의 size table에서 불필요한 사이즈를 삭제할 때 사용하는 기능
- 사이즈[..]추가(Add[..] Size to prod.) : 패턴의 왼쪽의 size table에 여러 개의 개별 사이즈를 동시에 추가할 수 있는 기능
- 제동사이즈(Break) : alpha size에서 원하는 사이즈를 제동사이즈로 만들 때 사용

- EVT 도입(Imp. EVT) : Size 형식을 저장한 경로에서 size table을 불러 올 때 사용
- EVT 복사(Rep. EVT) : size table 전체를 복사해 주는 기능
- Numeric EVN 저장(Save EVT Num) : [EVT 도입]으로 불러온 Numeric size table을 패턴 제작 도중에 수정하였을 경우 이를 추출하여 사이즈 폴더 내에 텍스트 파일 문서 형태로 재저장하여 재사용 가능하게 하는 기능
- Alpha EVN 저장(Save EVT Alpha) : [EVT 도입]으로 불러온 Alpha size table을 패턴 제작 도중에 수정하였을 경우 이를 추출하여 사이즈 폴더 내에 텍스트 파일 문서 형태로 재저장하여 재사용 가능하게 하는 기능
- 복합 EVT 삭제(Delete EVT) : size table이 두 개 이상인 경우 한 개의 size table을 제외하고 나머지 size table을 삭제할 수 있는 기능
- Numeric EVT로 전환(numeric EVT)
- Alpha EVT로 전환(alpha EVT)

그레이딩 상태 수정

- 사이즈 묶기(Size grouping) : 기본 사이즈를 제외한 나머지 사이즈를 선택한 사이즈를 기준으로 묶어 줄 때 사용
- 기본 사이즈 지정(Basic size slide) : 패턴의 크기는 변하지 않고(사이즈에 해당하는 그레이딩 편차값이 변하지 않고) 기본 사이즈를 바꿔 주는 기능
- 기본 사이즈 수정 (Basic size Modification) : 지정한 기본 사이즈를 기준으로 패턴이 수정할 수 있는 기능
- 그레이딩 상태 붙이기(Mest Merge) : 모양은 같으나 따로 입력된 패턴을 붙여서 하나의 그레이딩 상태로 할 수 있는 기능
- 사이즈 이름 새로 주기(Rename Sizes) : [F7]의 [Basic size Modification] [Basic size slide] [Add [...] Size to prod] [Del. Size to prod] [Add. Size to prod] 등의 기능을 한 패턴에 사용하고 나서 size table의 변화가 있을 경우 한 모델 내에서 모든 패턴에 변화된 사이즈들을 동일하게 적용해 주는 기능

사이즈테이블
대응사이즈 연결
대응사이즈 연결끊기
사이즈 추가
사이즈 삭제
사이즈[..]추가
제동사이즈
EVT 도입
EVT 복사
Numeric EVT 저장
Alpha EVT 저장
복합 EVT 삭제
Numeric EVT로 전환
Alpha EVT로 전환
그레이딩상태 수정
사이즈 묶기
기본사이즈 지정
기본사이즈 수정
그레이딩상태 붙이기
사이즈이름 새로주기

9 F8

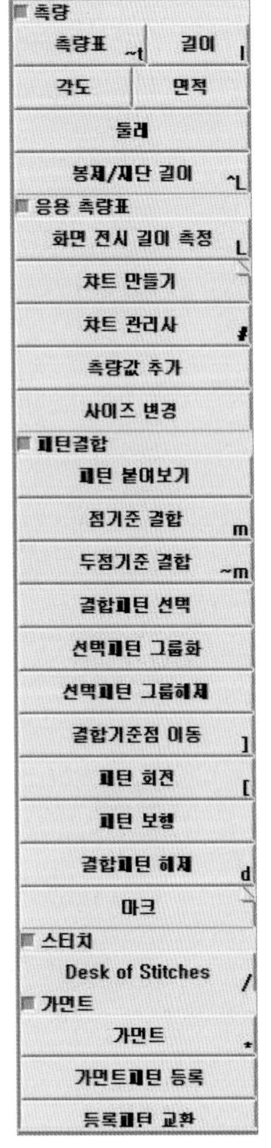

측 량

- 측량표(Spreadsheet) : 길이, 봉재 / 재단 길이, 면적, 둘레, 각도 등의 정확한 치수를 측량표에서 확인할 수 있는 기능
- 길이(Length) : 패턴에서 원하는 점과 점 사이 선의 길이를 재어 주는 기능
- 각도(Angle) : 패턴의 각도를 재는 기능
- 면적(Area) : 패턴의 면적을 구하는 기능
- 둘레(Perimeter) : 패턴 전체 둘레를 재는 기능
- 봉제 / 재단 길이(Seam Length) : 시접이 있는 패턴에서 원하는 선의 봉제 / 재단 길이를 재는 기능

응용 측량표

- 화면 전시 길이 측정(Length measure) : 패턴의 길이를 패턴상에서 바로 확인할 수 있는 기능
- 차트 만들기(Create measurement chart) : 차트 관리사의 차트를 만들어 주는 기능
- 차트 관리사(Chart manager) : 측량한 길이의 합, 차, 곱하기, 나누기 등을 자유롭게 할 수 있으며 측량한 길이를 차트로 만들어 파일로 저장, 출력을 할 수 있다. 차트 관리사의 여러 가지 활용으로 편리하게 측량값을 관리할 수 있는 기능
- 측량값 추가(Add measure) : 차트 관리사에서 전시되는 사이즈를 변경할 수 있는 기능
- 사이즈 변경(Nest transfer) : 차트 관리사에서 선택된 사이즈를 변경할 수 있는 기능

패턴결합

- 패턴 붙여보기(Stack) : 서로 다른 피스를 임시로 붙여 보는 기능
- 점기준 결합(Marry) : 피스 결합 시 점이 기준이 되어 붙여 주는 기능
- 두점기준 결합(Assemble) : 피스결합 시 선이 기준이 되어 붙여 줄 수 있는 기능
- 결합패턴 선택(Select Marriages) : [F8]의 [점기준 결합]으로 묶어 준 피스들 중 한 그룹으로 묶어 줄 피스를 선택할 수 있는 기능
- 선택패턴 그룹화(Marriages grouping) : [결합패턴 선택]으로 선택한 피스들을 하나로 묶

어 줄 수 있는 기능

- 선택패턴 그룹 해제(Marriages ungrouping) : [선택패턴 그룹화]로 선택한 피스 그룹을 풀어 줄 수 있는 기능
- 결합 기준점 이동(Move marriages) : [F8]의 [점기준 결합]으로 결합된 피스의 기준점을 재지정하며 점 기준으로 패턴을 자유로이 움직일 수 기능
- 패턴 회전(Pivot) : 결합된 피스를 회전시킬 수 있는 기능
- 패턴 보행(Walking Pcs.) : 각각의 피스에 길이를 맞춰 볼 때 사용하는 기능
- 결합패턴 해제(Divorce) : [F8]의 [점기준 결합]으로 결합된 패턴을 해제시킬 수 있는 기능
- 마크(Add mark) : [점기준 결합]으로 결합되어 겹쳐진 패턴의 위, 아래 패턴 모두 동일한 위치에 마크가 표시되어 결합된 패턴을 다시 [결합패턴 해제] 하여도 해당 마크가 동일하에 두 패턴 모두에 표시되어 있도록 하는 기능

가먼트

- 가먼트(Variant) : [가먼트]를 만들거나, 만들어진 [가먼트]를 수정할 수 있는 기능
- 가먼트패턴 등록(Create pce arcticle) : 마카 제작에 필요한 피스들을 가먼트에 입력할 때 사용
- 등록패턴 교환(Choose piece) : [가먼트]에 등록된 피스를 교환할 수 있는 기능

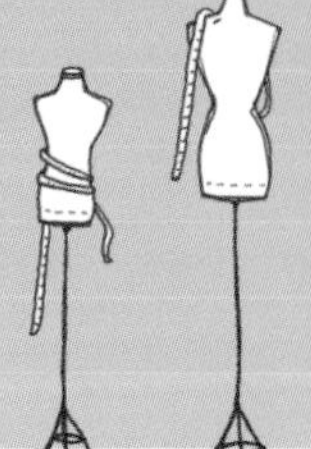

C.h.a.p.t.e.r

02 패턴 | Pattern

1. 시작하기

【1단계】 파일에서 새 모델 만들기를 선택한다.

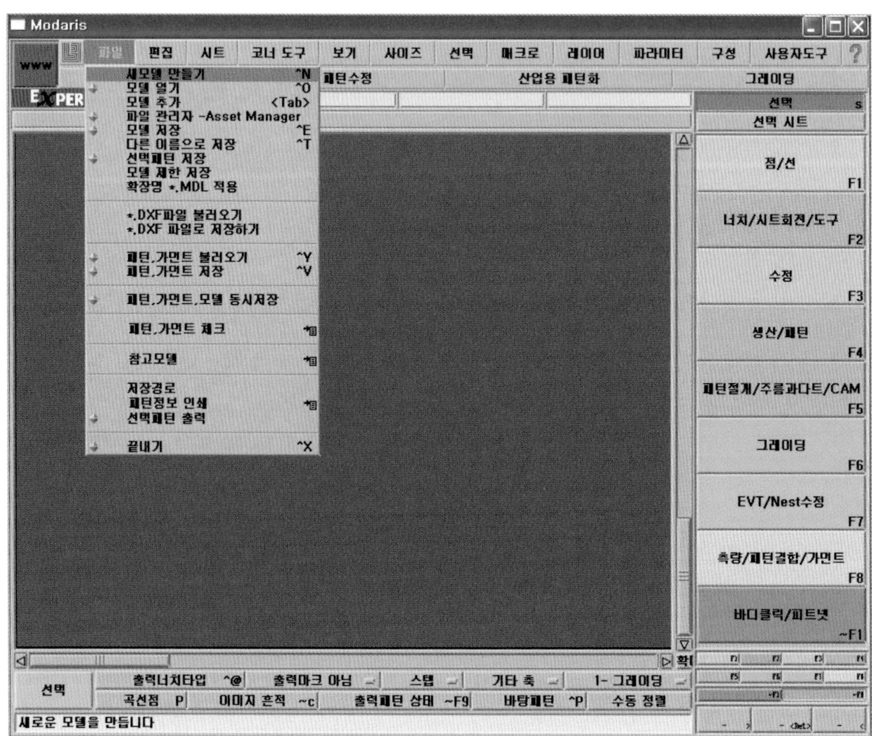

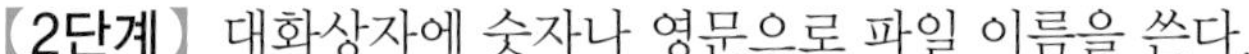

【2단계】 대화상자에 숫자나 영문으로 파일 이름을 쓴다.

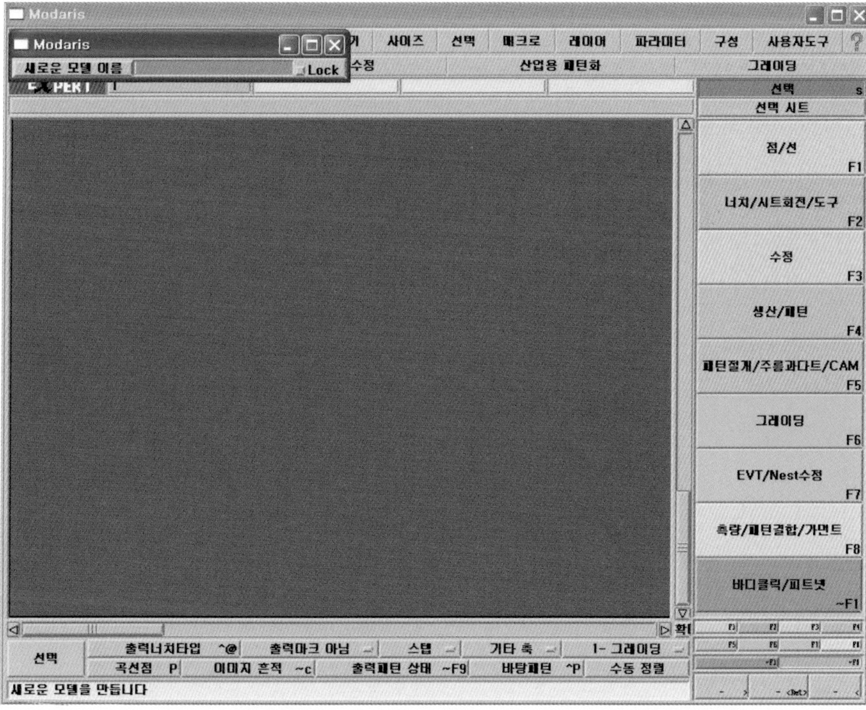

【3단계】 모델이 만들어진다.

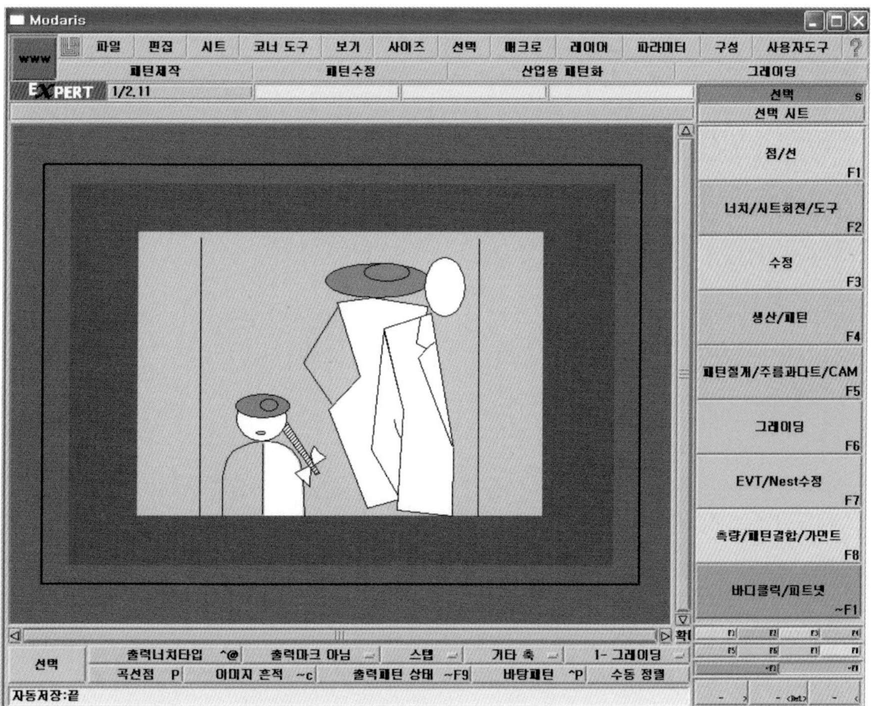

【4단계】 시트에서 새 시트를 선택한다.

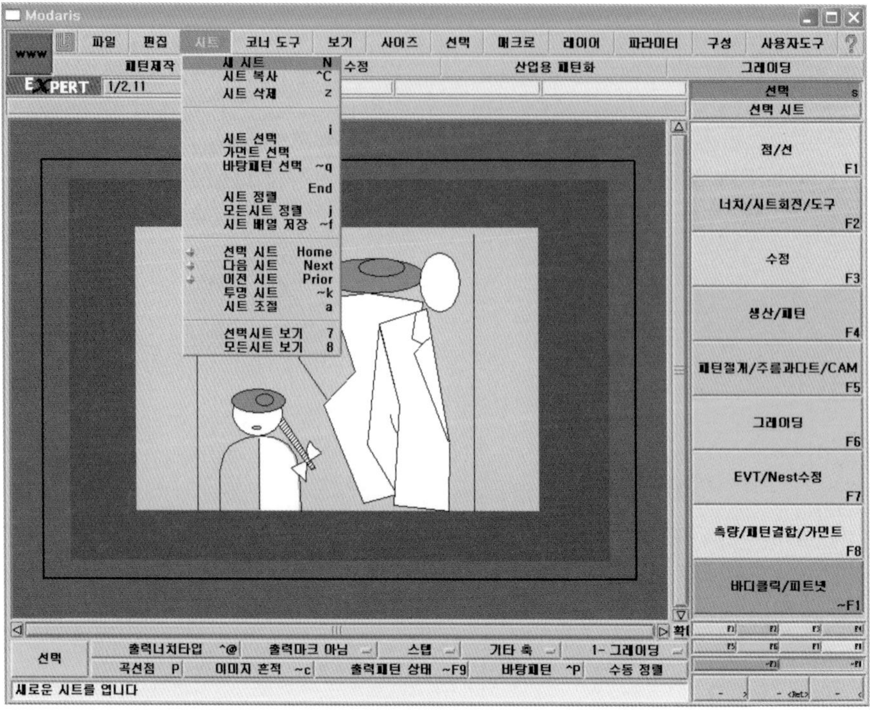

【5단계】 패턴을 그릴 수 있는 시트가 생성된다.

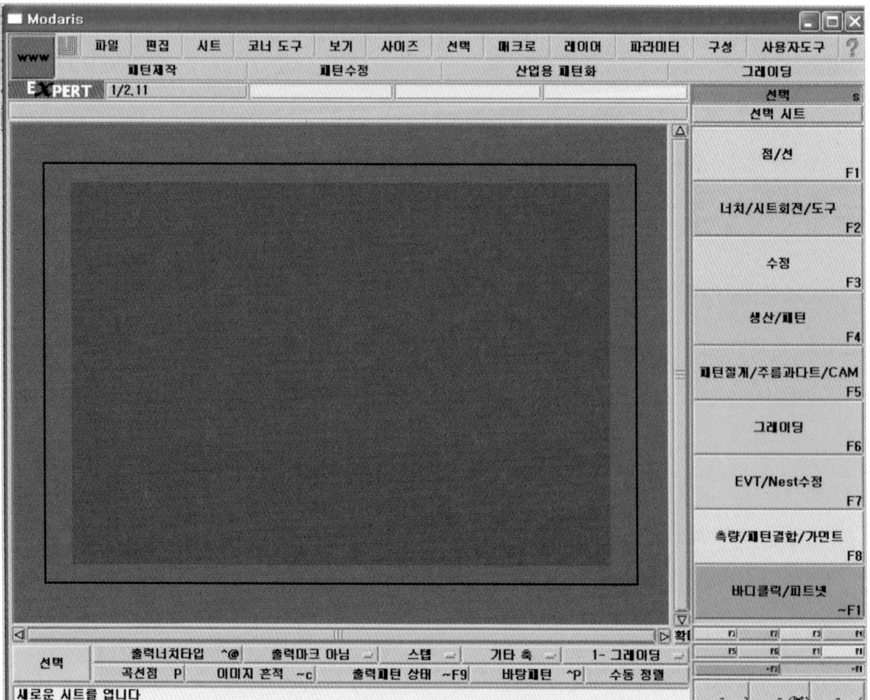

【6단계】 패턴으로 들어가기 전에 파라미터의 길이 단위에서 cm를 선택한다.

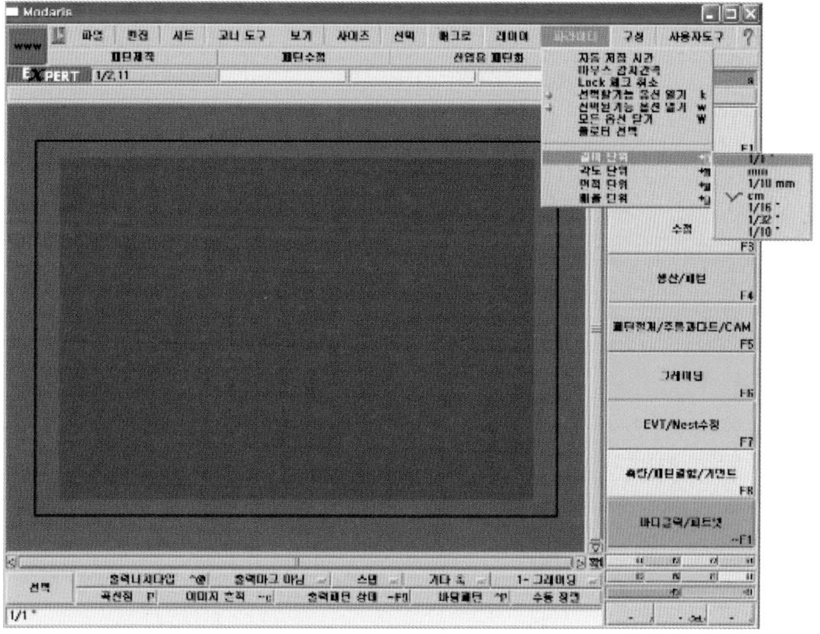

2. 스커트 원형 | Basic Skirt Pattern

필요 치수

단위 : cm

항 목	허리둘레(W)	엉덩이둘레(H)	엉덩이길이(HL)	스커트 길이(Sk. L)
치 수	67	94	18	54

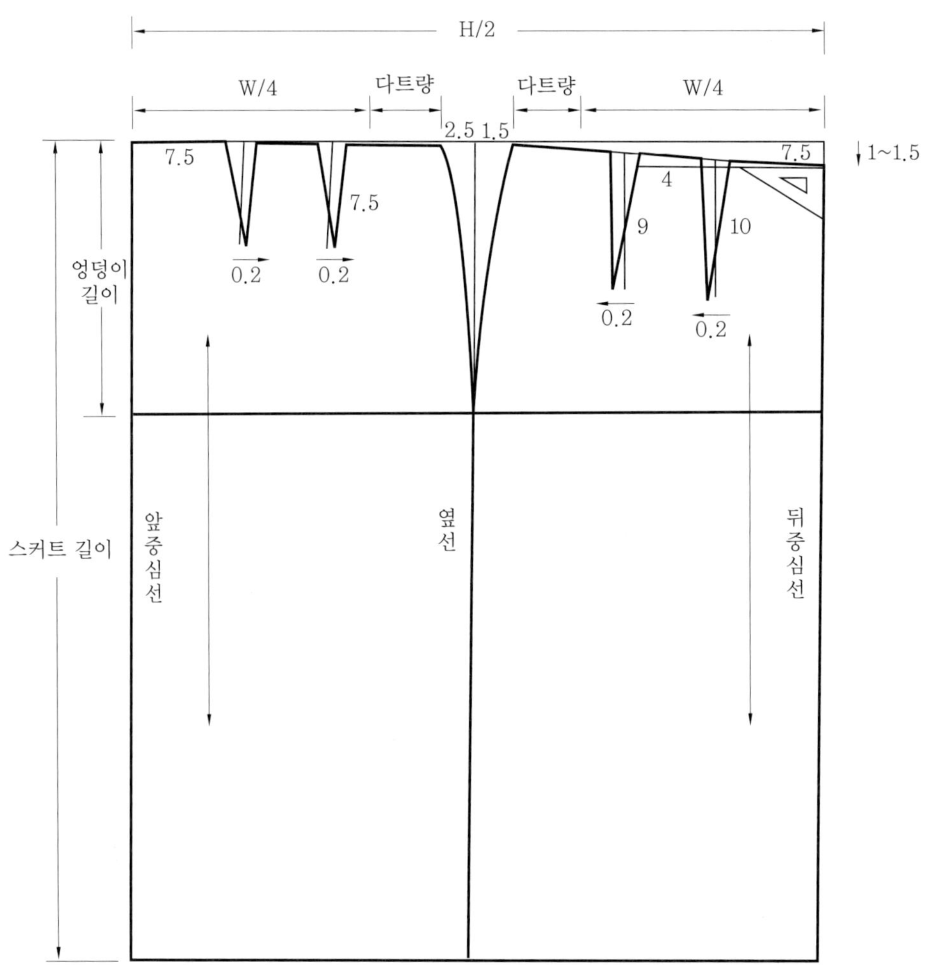

스커트 원형 제도

1 기초선 그리기

사용 도구

1 스커트폭 그리기

01 >> 메뉴 점/선 F1 에서 직선 0 을 선택한 후 새 시트 위를 왼쪽 마우스로 클릭한다.

02 >> 대화창이 뜨면 방향키(↑ 또는 ↓)로 dx에 H/2(=47cm)의 치수를 입력한 후 Enter 를 치면 가로선이 완성된다.

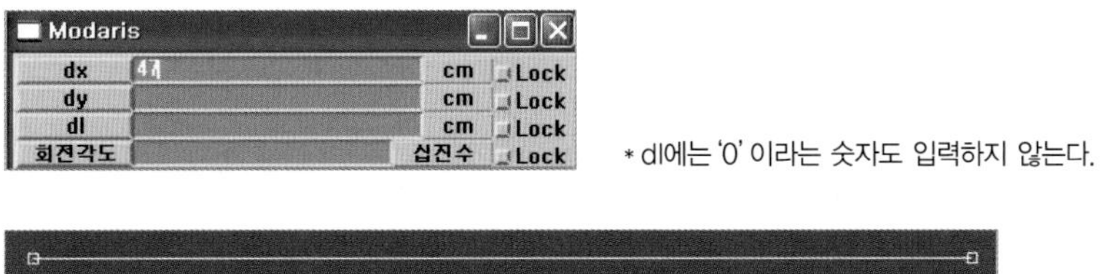

* dl에는 '0' 이라는 숫자도 입력하지 않는다.

X, Y 그리기

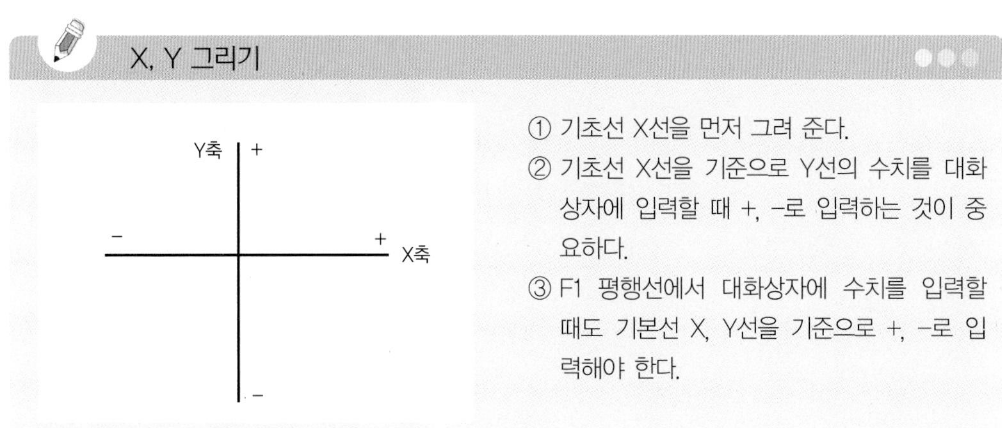

① 기초선 X선을 먼저 그려 준다.
② 기초선 X선을 기준으로 Y선의 수치를 대화상자에 입력할 때 +, −로 입력하는 것이 중요하다.
③ F1 평행선에서 대화상자에 수치를 입력할 때도 기본선 X, Y선을 기준으로 +, −로 입력해야 한다.

2 앞중심선 그리기

01 >> 메뉴 점/선 F1 에서 직선 0 을 선택한다.

02 >> 대화창이 뜨면 방향키(↑ 또는 ↓)로 dy에 스커트 길이(=54cm)의 치수를 입력한 후 Enter 를 친다.

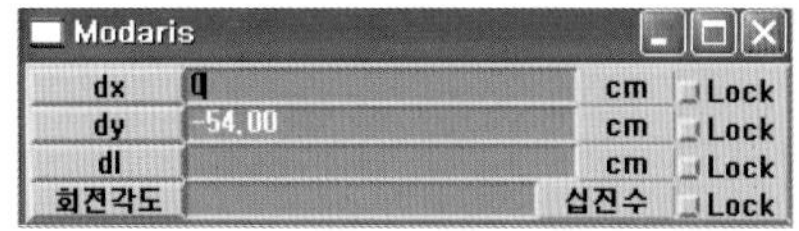

3 엉덩이선 그리기

01 >> 메뉴 점/선 F1 에서 평행선 X 을 선택한다.

02 >> 수치창이 뜨면 방향키(↑ 또는 ↓)로 엉덩이길이(=18cm)를 입력한 후 Enter 를 치고 평행을 그려 줄 방향을 클릭하면 평행선이 그려진다.

4 스커트 밑단 그리기

01 >> 메뉴 점/선 F1 에서 평행선 을 선택한다.

02 >> 수치창이 뜨면 방향키(↑ 또는 ↓)로 스커트길이(=54cm)를 입력한 후 Enter 를 치고 평행선을 그려 줄 방향을 클릭하면 평행선이 그려진다.

5 뒤중심선 그리기

01 >> 메뉴 점/선 F1 에서 평행선 을 선택한다.

02 >> 수치창이 뜨면 방향키(↑ 또는 ↓)로 H/2(=47cm)의 치수를 입력한 후 Enter 를 치고 평행선을 그려 줄 방향을 클릭하면 뒤중심선이 그려진다.

6 옆 선

01 >> 메뉴 [점/선 F1] 에서 [점등분] 을 선택한 후 점 a, b를 클릭한다.

02 >> 수치창에 등분할 숫자 2를 입력한 후 Enter 를 치면 이등분한 점(c)을 생성시킨다.

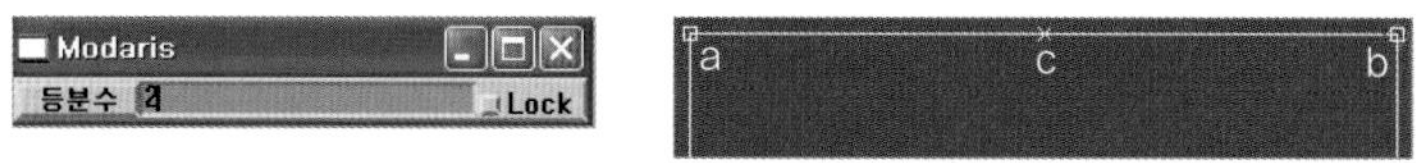

03 >> 메뉴 [점/선 F1] 에서 [직선] 을 선택한다.

04 >> 이등분점을 선택한 후 Ctrl 을 누른 상태에서 스커트 밑단까지 직선을 그려 준다.

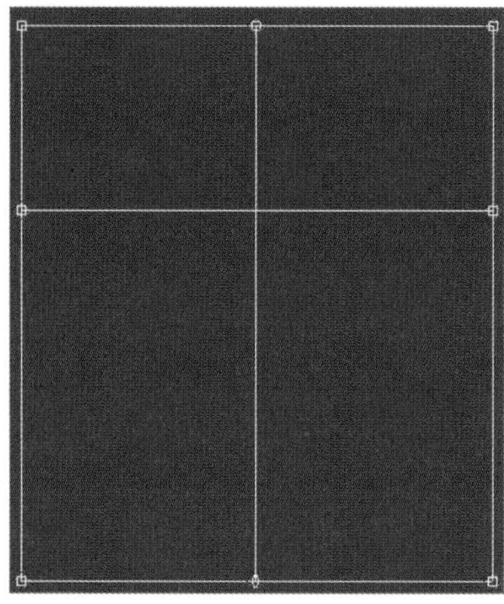

2 완성선 – 뒤판 제도

1 뒤옆선 그리기

01 >> 메뉴 [점/선 F1] 에서 [직선/곡선 점추가] 을 선택한다. → 수치창에 옆선 꺾임량(=2.5cm)을 입력한 후 Enter 를 친다(수치 입력 시 –, +가 없이 입력한다).

Modaris
dx cm Lock
dy cm Lock
길이 2.5 cm Lock

02 >> 방향을 잡아 주고 점을 추가할 선을 선택하면 점 d의 위치를 생성시킨다.

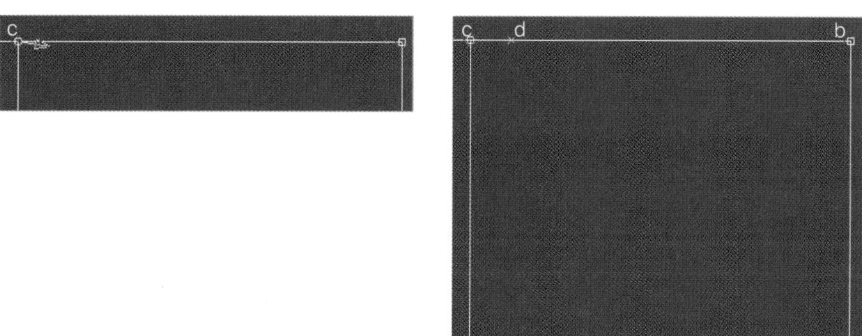

03 >> 메뉴 [점/선 F1] 에서 [미세곡선 b] 을 선택한 상태에서 Shift 를 누르고 곡선을 그려 준다. 직선에 가까이 곡선점을 그리면 직선에 곡선점이 달라붙게 되므로 직선에서 떨어져서 그려 준 후 곡선 수정을 해 주는 것이 작업에 용이하다.

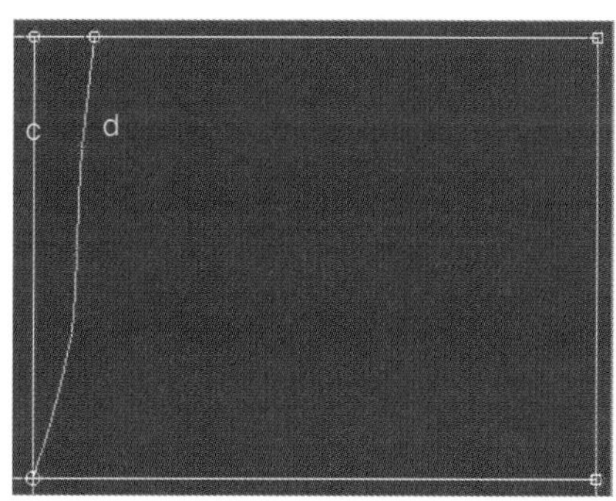

04 >> 곡선 수정하기

메뉴 [수정 F3] 에서 [분리 ~6] 선택한 상태에서 각각의 점을 클릭한다. → 메뉴 [수정 F3] 에서 [점/선 이동 D] 을 선택한 후 수정할 점을 이동시켜 곡선을 정리한다. → 곡선 수정이 끝나면 분리한 점을 메뉴 [수정 F3] 에서 [연결 ~5] 을 선택하여 연결해 준다.

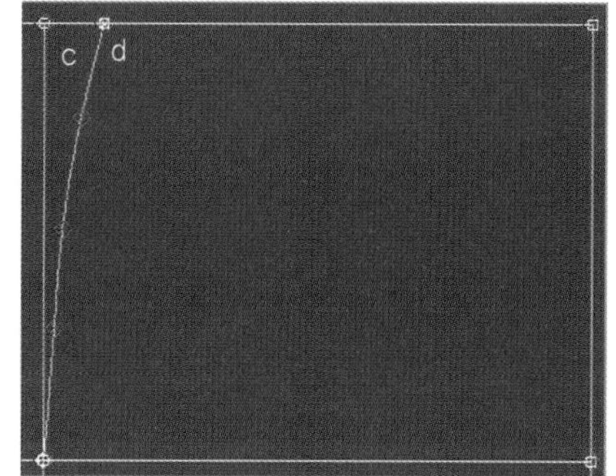

2 뒤다트량

01 >> 메뉴 점/선 F1 에서 직선/곡선 점추가 ~4 를 선택한다. → 대화창에 W/4 (=16.75cm)의 수치를 입력한 후 Enter 를 친다.

02 >> 방향을 잡아 주고 점 e을 추가할 선을 선택해 준다.

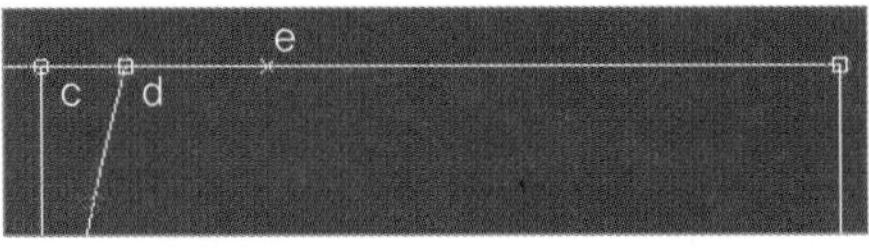

03 >> d, e점 사이를 메뉴 측정/패턴결합/가먼트 F8 에서 화면 전시 길이 측정 L 으로 재 준다.

3 뒤허리 내림

메뉴 점/선 F1 에서 직선/곡선 점추가 ~4 를 선택한다. → 수치창에 뒤허리 내림분 (=1.5cm)의 수치를 입력한 후 Enter 를 친다.

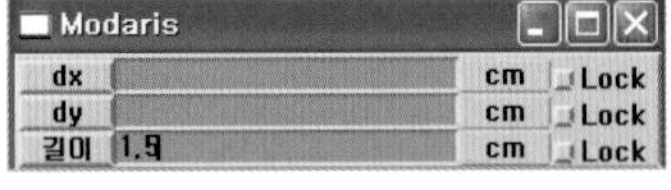

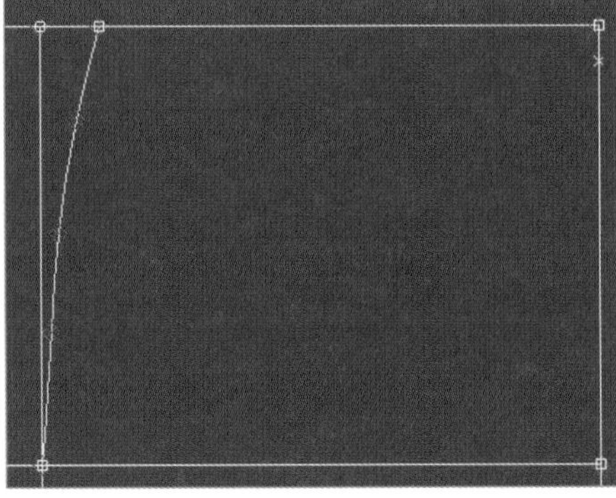

4 뒤허리선

01 >> 메뉴에서 곡선점 P 을 선택한다.

02 >> 메뉴 점/선 F1 에서 미세곡선 b 을 선택한 상태에서 Shift 를 누르고 뒤중심선에서 약 95° 되게 허리선을 그려 준다.

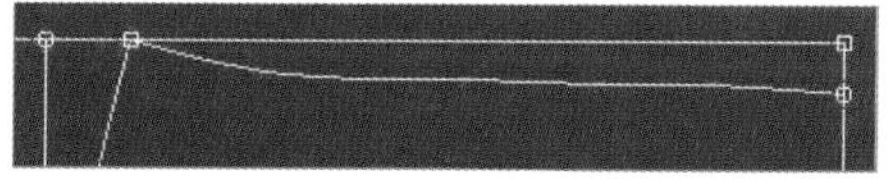

03 >> **곡선 정리**

메뉴 수정 F3 에서 분리 ~6 를 선택한 상태에서 각각의 점을 클릭한다. → 메뉴 수정 F3 에서 점/선 이동 D 을 선택한 후 수정할 점을 이동시켜 곡선을 정리한다. → 곡선 수정이 끝나면 분리한 점을 메뉴 수정 F3 에서 연결 ~5 을 선택하여 연결해 준다.

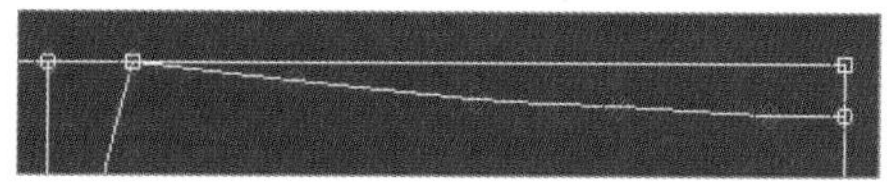

이미지 흔적 ~c 을 선택하고 점을 이동해 주면 이동전의 선의 흔적을 보면서 이동해 줄 수 있다.

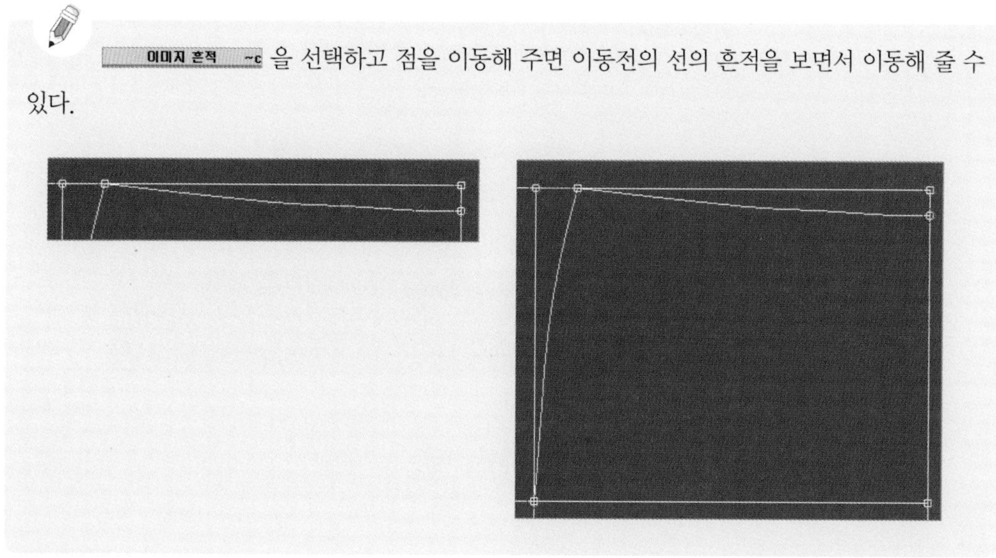

5 뒤다트

❶ 중심다트

01 >> 메뉴 점/선 F1 에서 직선/곡선 점추가 를 선택한다. → 대화창이 뜨면 방향키 (↑ 또는 ↓)로 7.5cm를 입력한 후 Enter 를 친다. → 방향을 잡아 주고 점 f를 추가할 선을 선택해 준다.

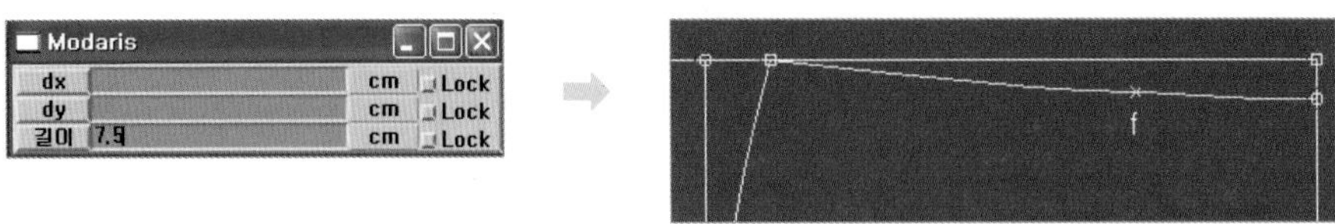

직선/곡선 점추가 은 수치 입력 시 -, +가 없이 입력해 주면 된다.

02 >> 메뉴 점/선 F1 에서 직선/곡선 점추가 를 선택한다. → 대화창이 뜨면 방향키(↑ 또는 ↓)로 눈금선으로 재 준 다트량 / 2를 입력한 후 Enter 를 친다. → 방향을 잡아 주고 점 g를 추가할 선을 선택해 준다.

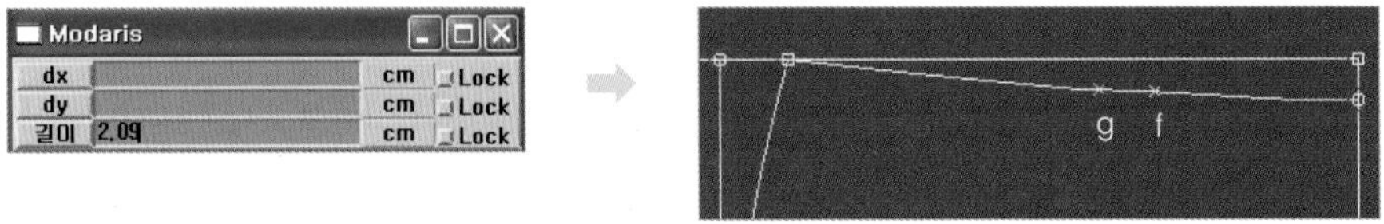

03 >> 메뉴 점/선 F1 에서 선등분 을 선택한다. → 점 f, g를 선택한 후 이등분한다.

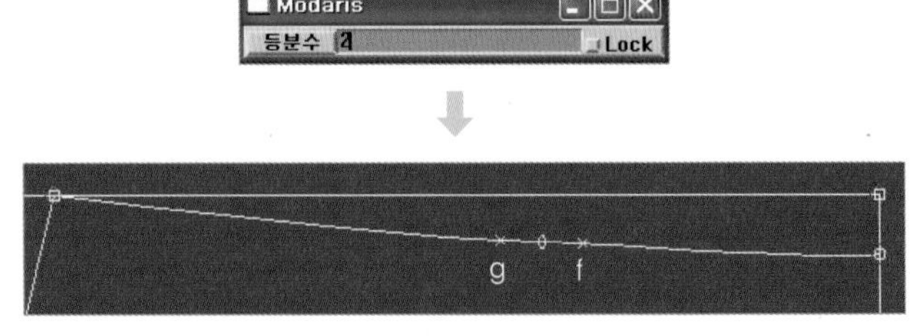

곡선에서는 점등분 보다 선등분 을 선택해 주어야 곡선에 등분이 생긴다.

04 >> 메뉴 점/선 F1 에서 직선 0 을 선택한다. → 대화창이 뜨면 방향키(↑ 또는 ↓)로 dy에 다트 길이 -10cm을 입력한 후 Enter 를 친다.

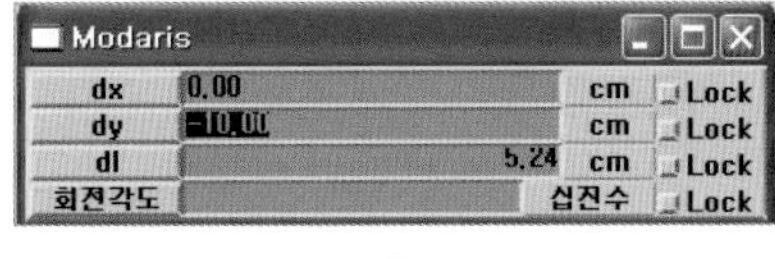

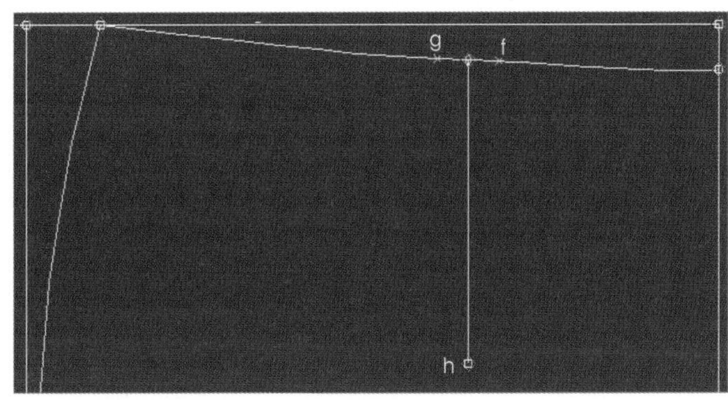

05 >> 메뉴 수정 F3 에서 점/선 이동 D 을 선택한다. → 대화창이 뜨면 방향키(↑ 또는 ↓)로 X 이동거리 -0.2cm를 입력한 후 Enter 를 친다. → 메뉴 점/선 F1 에서 직선 0 을 선택한다. → 점 f, g, h를 연결한다.

Modaris
X 이동거리 -0.20 cm Lock
Y 이동거리 cm Lock
회전각도 십진수 Lock
dl cm Lock

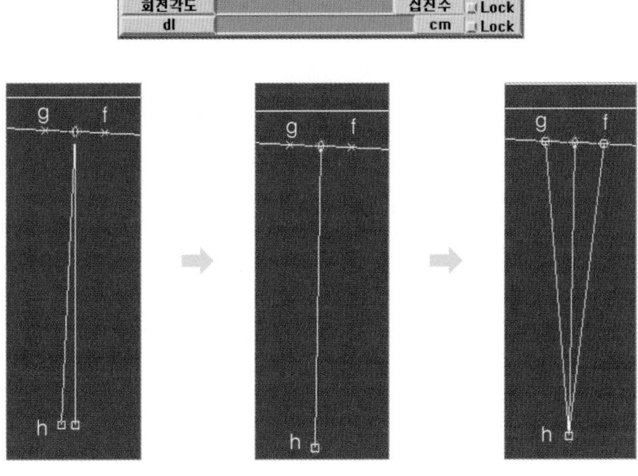

❷ 옆다트

01 >> 메뉴 [점/선 F1] 에서 [직선/곡선 점추가] 를 선택한다. → 대화창이 뜨면 방향키(↑ 또는 ↓)로 4cm를 입력한 후 Enter 를 친다.

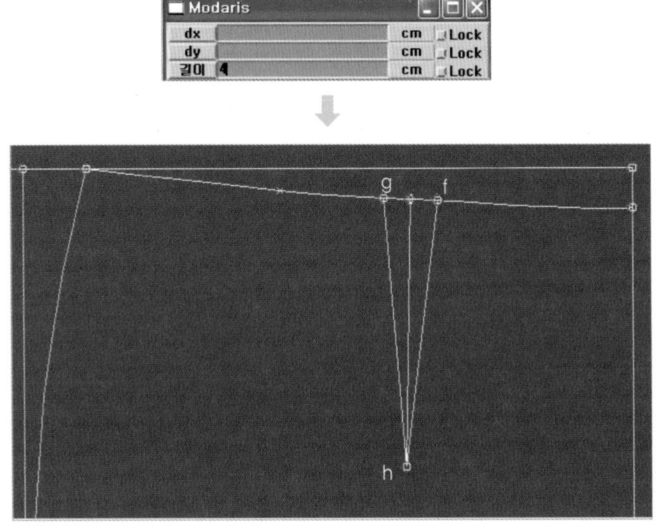

02 >> 메뉴 [점/선 F1] 에서 [직선/곡선 점추가] 를 선택한다. → 대화창이 뜨면 방향키(↑ 또는 ↓)로 눈금선으로 재 준 다트량 / 2를 입력한 후 Enter 를 친다.

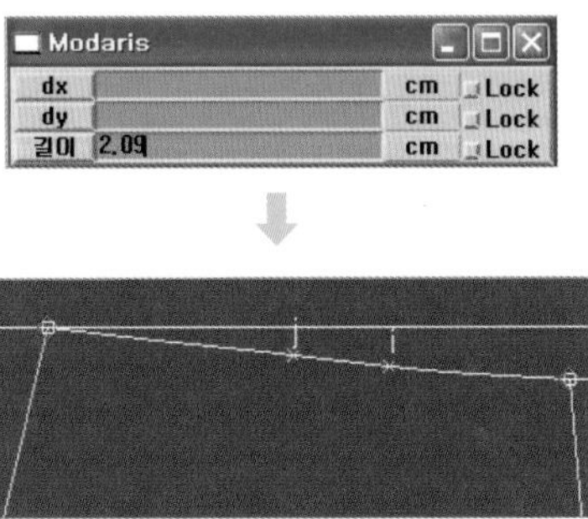

03 >> 메뉴 [점/선 F1] 에서 [선등분] 을 선택한다. → 점 i, j를 선택한 후 이등분한다.

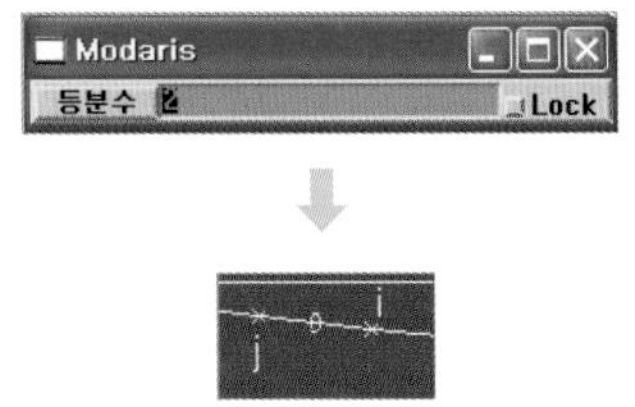

04 >> 메뉴 [점/선 F1] 에서 [직선 0] 을 선택한다. → 대화창이 뜨면 방향키(↑ 또는 ↓)로 dy에 다트 길이 -9cm를 입력한 후 Enter 를 친다.

Modaris

dx	0.00	cm	Lock
dy	-9	cm	Lock
dl	8.78	cm	Lock
회전각도		십진수	Lock

05 >> 다트 끝점 이동

메뉴 [수정 F3] 에서 [점/선 이동 D] 을 선택한다. → 대화창이 뜨면 방향키(↑ 또는 ↓)로 X 이동거리에 -0.2cm를 입력한 후 Enter 를 친다. → 메뉴 [점/선 F1] 에서 [직선 0] 을 선택한 후 점 i, j, k를 연결한다.

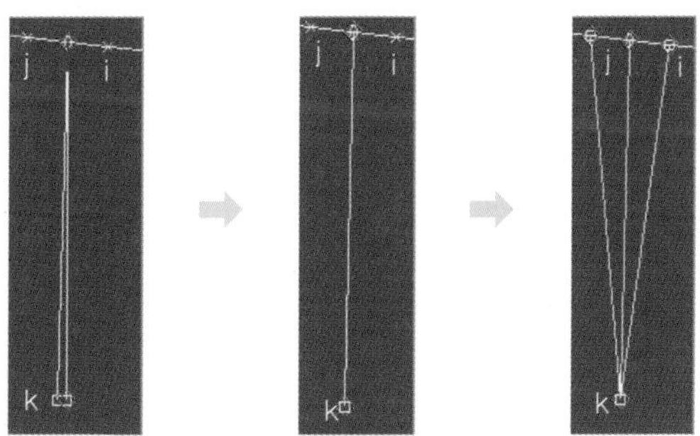

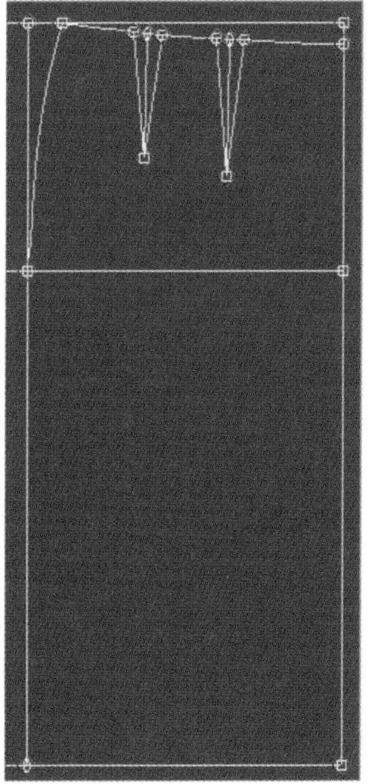

뒤판 완성 모습

3 완성선 – 앞판 제도

1 앞 옆선 그리기

메뉴 [점/선 F1] 에서 [대칭축 X] 을 선택한 후 대칭축인 점 a와 점 b를 선택한다. → 메뉴 [점/선 F1] 에서 [축 기준 대칭 Y] 을 선택한 후 뒤판 옆선인 c선을 클릭하여 앞판 옆선을 대칭시킨다.

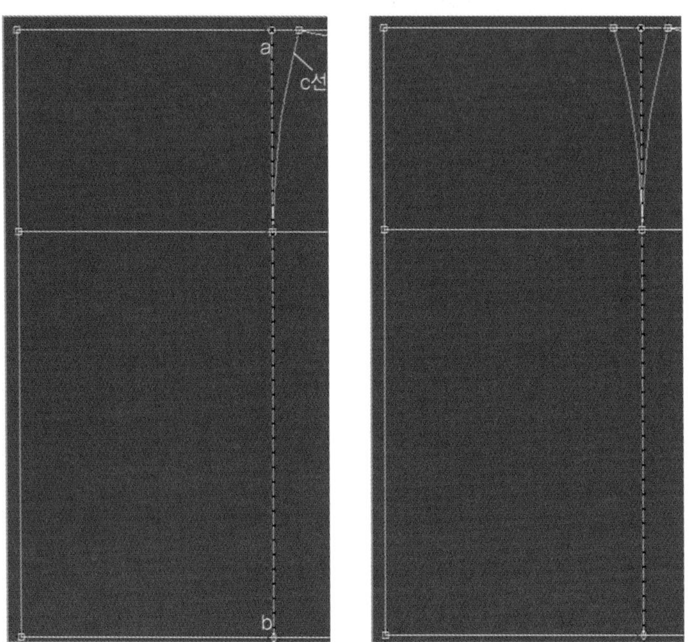

2 앞다트 그리기

❶ 중심다트

01 >> 메뉴 [점/선 F1] 에서 [직선/곡선 점추가] 를 선택한다. → 대화창이 뜨면 방향키 (↑ 또는 ↓)로 7.5cm를 입력한 후 Enter 를 친다.

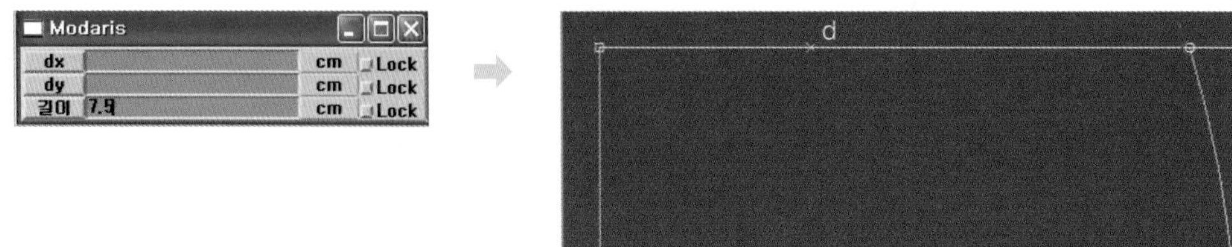

02 >> 메뉴 [점/선 F1] 에서 [직선/곡선 점추가] 를 선택한다. → 대화창이 뜨면 방향키 (↑ 또는 ↓)로 눈금선으로 재 준 다트량/2를 입력한 후 Enter 를 친다.

03 >> 메뉴 [점/선 F1] 에서 [점등분] 을 선택한다. → 점 d, e를 선택한 후 이등분한다.

04 >> 메뉴 [점/선 F1] 에서 [직선] 을 선택한다. → 대화창이 뜨면 방향키(↑ 또는 ↓)로 dy에 다트 길이(=7cm)를 입력한 후 Enter 를 친다.

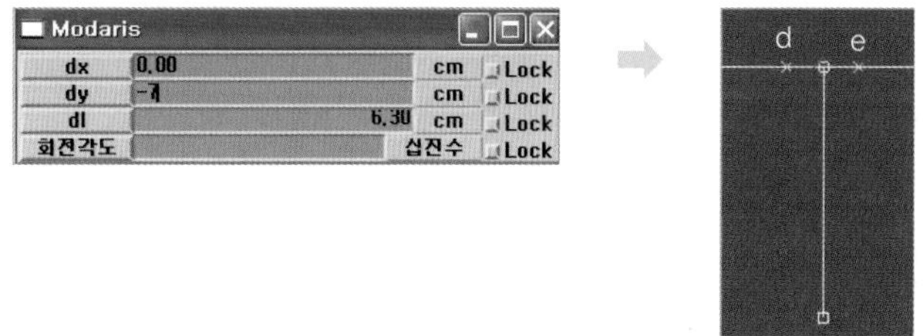

05 >> 다트 끝점 이동

메뉴 [수정 F3] 에서 [점/선 이동] 을 선택한다. → 대화창이 뜨면 방향키(↑ 또는 ↓)로 X 이동거리에 0.2cm를 입력한 후 Enter 를 친다.

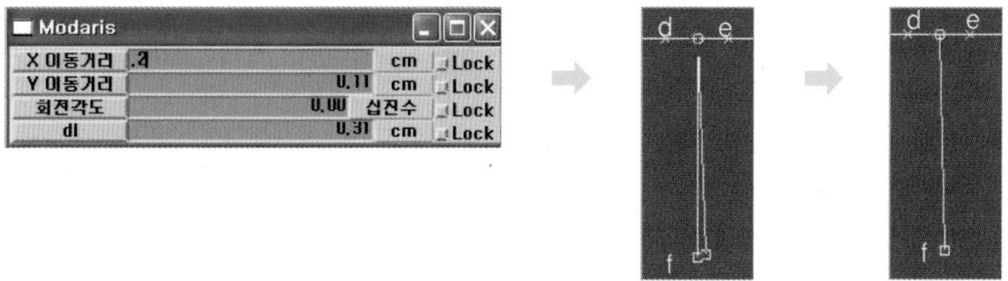

06 >> 메뉴 [점/선 F1] 에서 [직선] 을 선택한다. → 점 d, e, f를 연결한다.

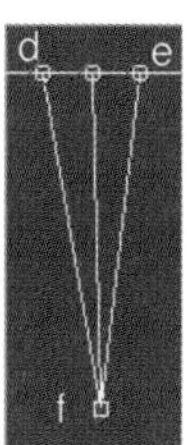

❷ 옆다트

01 >> 메뉴 점/선 F1 에서 직선/곡선 점추가 를 선택한다. → 대화창이 뜨면 방향키 (↑ 또는 ↓)로 4를 입력한 후 Enter 를 친다.

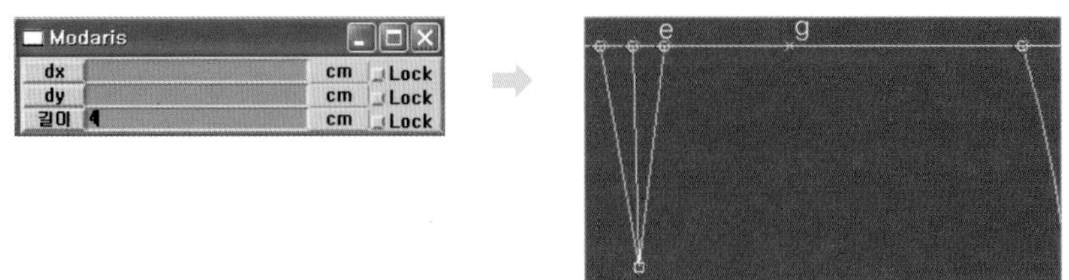

02 >> 메뉴 점/선 F1 에서 직선/곡선 점추가 를 선택한다. → 대화창이 뜨면 방향키(↑ 또는 ↓)로 눈금선으로 재 준 다트량/2를 입력한 후 Enter 를 친다.

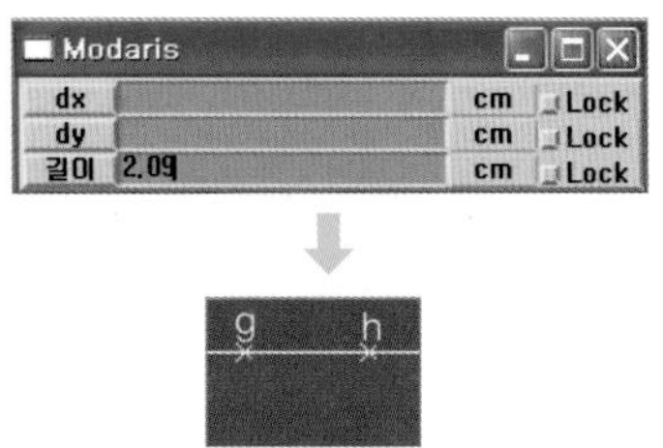

03 >> 메뉴 점/선 F1 에서 점등분 을 선택한다. → 점 g, h를 선택한 후 이등분한다.

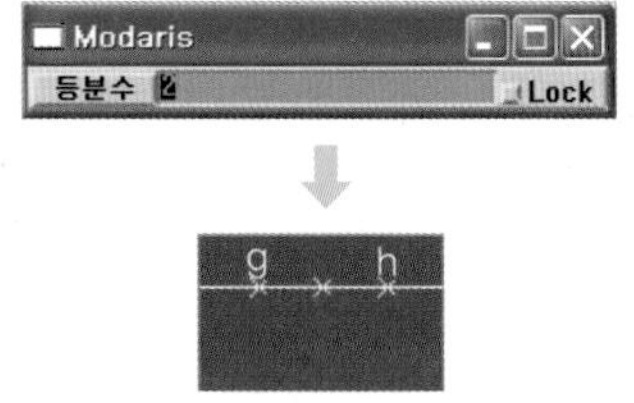

04 >> 메뉴 점/선 F1 에서 직선 을 선택한다. → 대화창이 뜨면 방향키(↑ 또는 ↓)로 dy에 다트 길이(=7.5cm)를 입력한 후 Enter 를 친다.

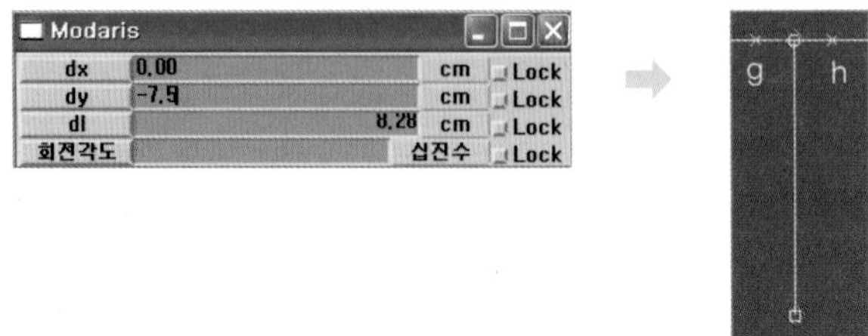

05 >> 다트 끝점 이동

메뉴 수정 F3 에서 점/선 이동 D 을 선택한다. → 대화창이 뜨면 방향키(↑ 또는 ↓)로 X 이동 거리에 0.2cm를 입력한 후 Enter 를 친다.

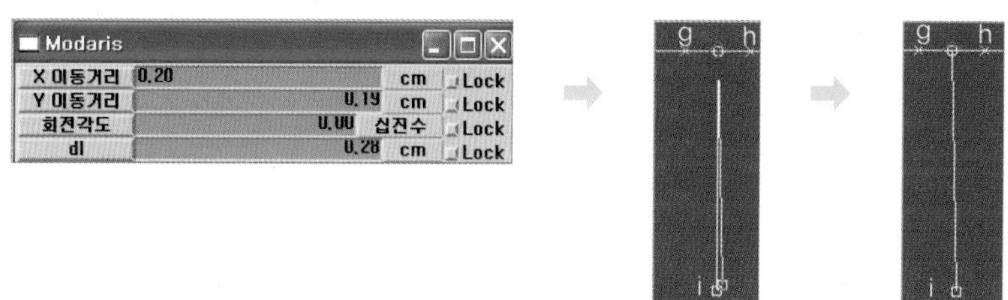

06 >> 메뉴 점/선 F1 에서 직선 0 을 선택한다. → 점 d, e, f를 연결한다.

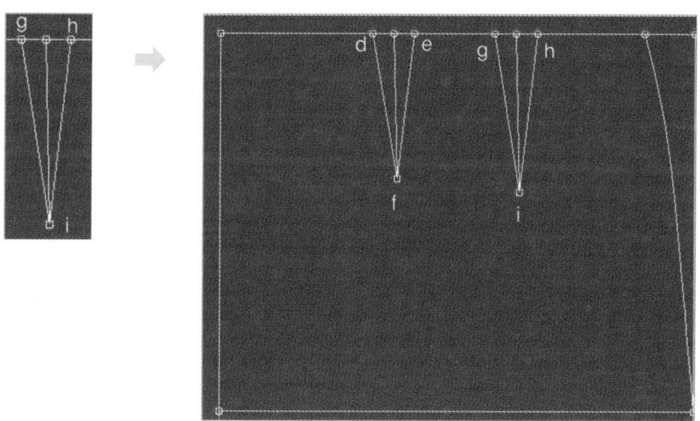

07 >> 완 성

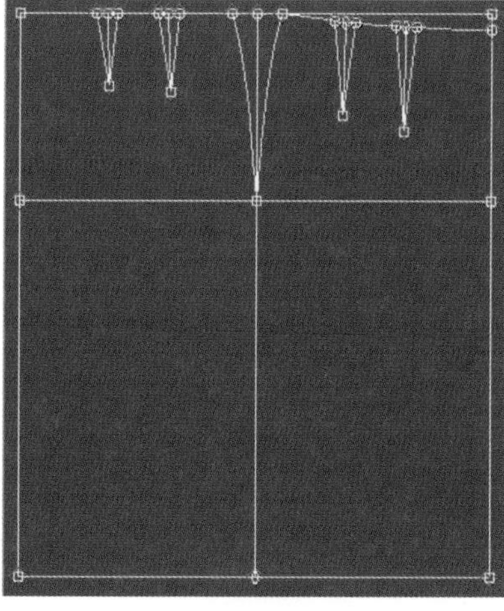

스커트 완성

3. 바지 원형 | Basic Pants Pattern

필요 치수

단위 : cm

항 목	허리둘레(W)	엉덩이둘레(H)	엉덩이길이(HL)	바지길이
치 수	67	94	18	98

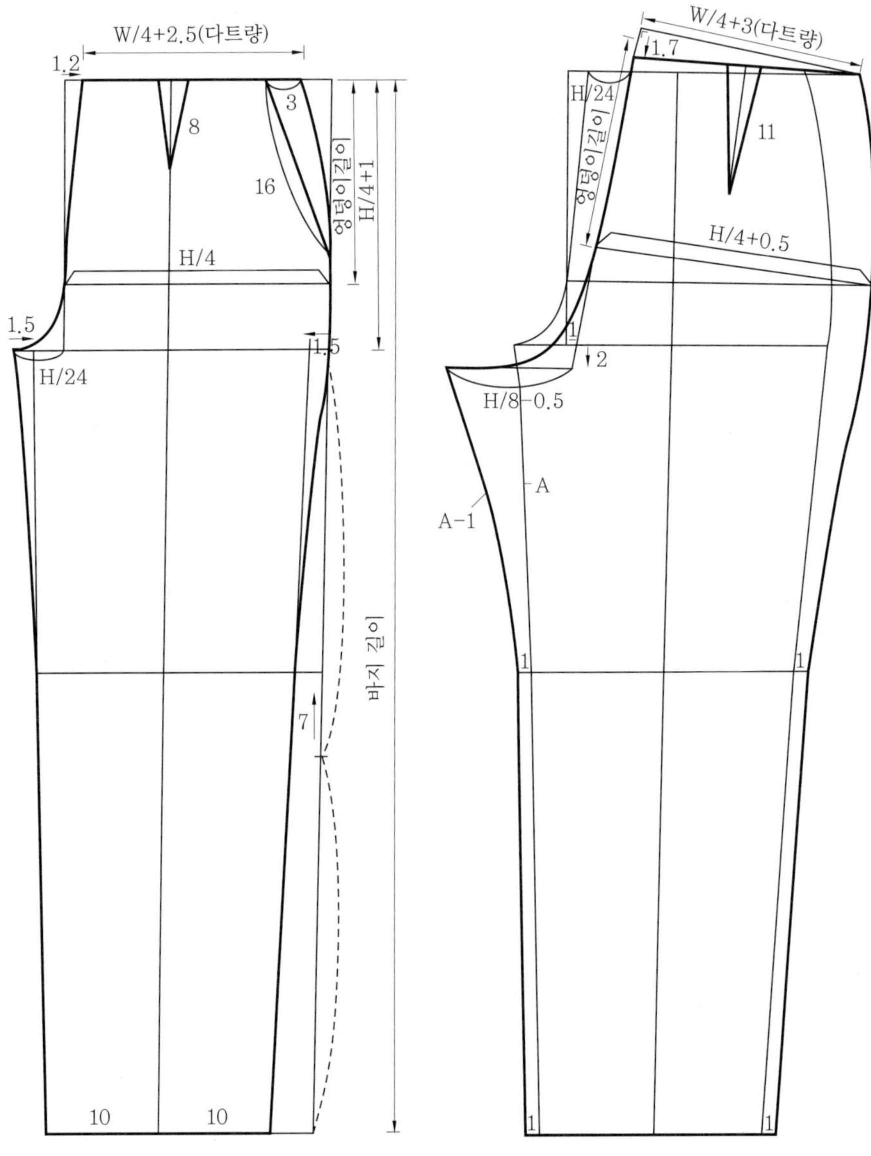

바지 원형 제도

1 기초선 그리기

사용 도구

1 바지 길이 입력

메뉴 [점/선 F1] 에서 [직선 0] 을 선택한다. → 대화창이 뜨면 방향키(↑ 또는 ↓)로 dx에 바지 길이(98cm)를 입력한 후 Enter 를 친다.

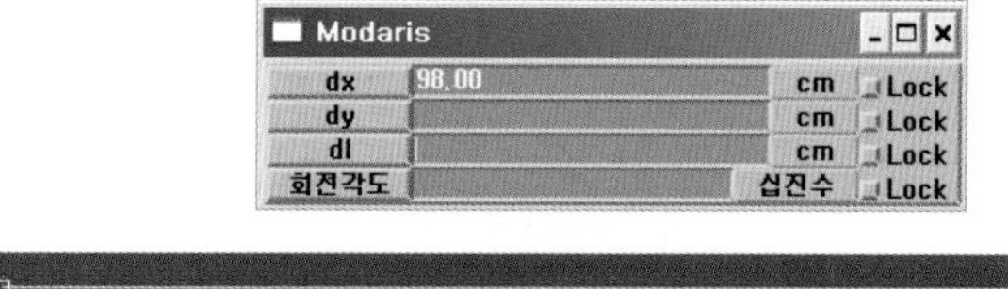

2 바지 앞판 폭 그리기

메뉴 [점/선 F1] 에서 [직선 0] 을 선택한다. → 대화창이 뜨면 방향키(↑ 또는 ↓) 로 dy에 H/4(=23.5cm)를 입력한 후 Enter 를 친다.

3 엉덩이선 그리기

메뉴 [점/선 F1] 에서 [평행선 X] 을 선택한다. → 대화창이 뜨면 방향키(↑ 또는 ↓)로 엉덩이길이(=18cm)를 입력한 후 [Enter] 를 친다.

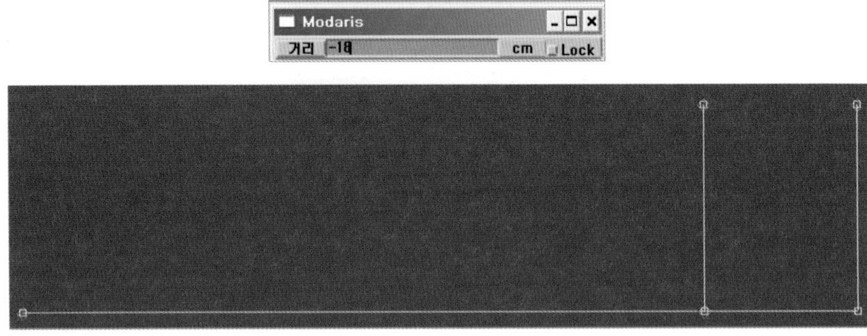

4 밑위선 그리기

메뉴 [점/선 F1] 에서 [평행선 X] 을 선택한다. → 대화창이 뜨면 방향키(↑ 또는 ↓)로 H/4+1(=24.5cm)을 입력한 후 [Enter] 를 친다.

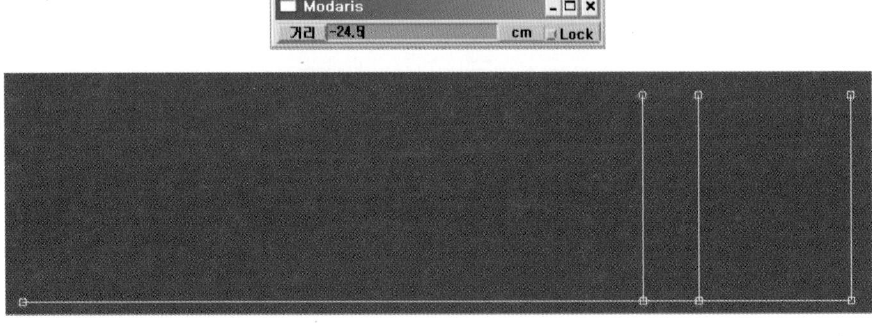

5 앞중심선 그리기

메뉴 [점/선 F1] 에서 [직선 0] 을 선택하여 a점과 b점을 연결한다.

6 앞샅 폭 그리기

메뉴 점/선 F1 에서 직선 을 선택한다. → 대화창이 뜨면 방향키(↑ 또는 ↓)로 H/24(=3.9cm)를 입력한 후 Enter 를 친다.

Modaris			
dx	0.00	cm	Lock
dy	3.9	cm	Lock
dl	3.11	cm	Lock
회전각도		십진수	Lock

7 무릎 길이

01 >> 메뉴 점/선 F1 에서 점등분 을 선택한다. → 점 c, d를 선택한 후 대화창에 등분할 숫자를 입력한다. → 점 d, e선상에 이등분점이 나타난다.

Modaris		
등분수	2	Lock

02 >> 메뉴 점/선 F1 에서 직선/곡선 점추가 를 선택한다. → 대화창이 뜨면 방향키(↑ 또는 ↓)로 대화창에 들어가 7cm를 입력한 후 Enter 를 친다.

Modaris			
dx	9.65	cm	Lock
dy		cm	Lock
길이	7	cm	Lock

03 >> 방향을 잡아 주고 추가할 점을 찍는다.

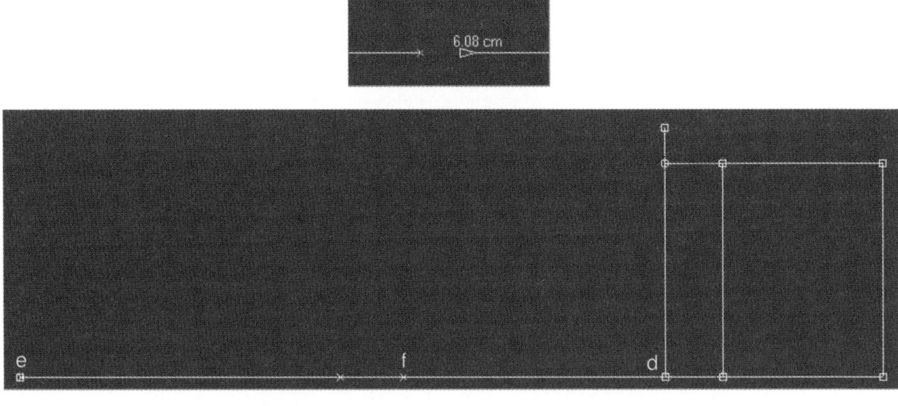

04 >> 메뉴 점/선 삭제 <Del> 를 이용하여 이등분점을 삭제한다.

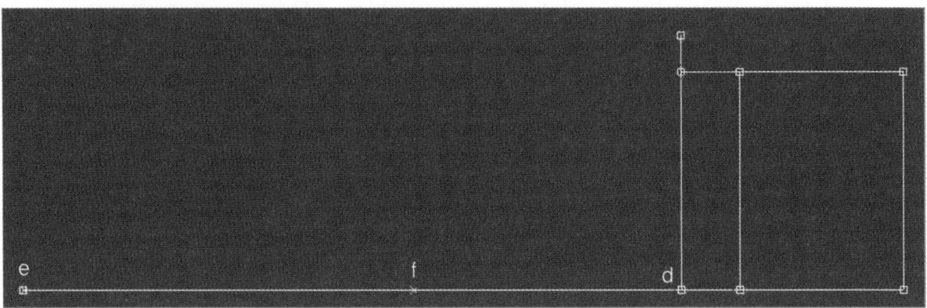

05 >> 메뉴 점/선 F1 에서 직선 0 을 선택한다. → 점을 선택한 후 Ctrl 을 눌러 주면서 무릎선과 바짓부리 직선을 그려 준다.

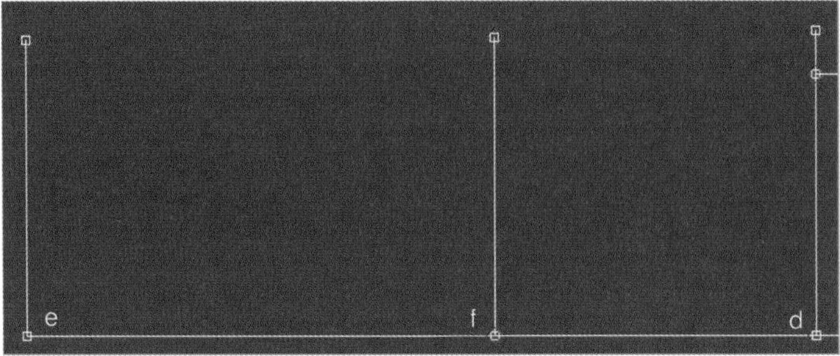

8 ▸ 앞주름선 그리기

01 >> 메뉴 [점/선 F1] 에서 [점등분] 을 선택한다. → 점 c, d를 선택한 후 대화창에 등분할 숫자를 입력한 후 Enter 를 친다. → c, d 선상에 이등분점(점 g)이 나타난다.

Modaris
등분수 2 Lock

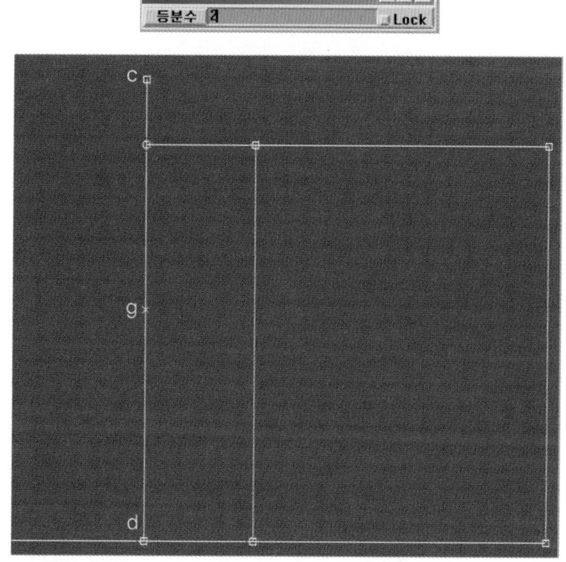

02 >> 메뉴 [점/선 F1] 에서 [직선] 을 선택한다. → 이등분점(점 g)을 선택한 후 Ctrl 을 눌러 주면서 허리선과 바짓부리까지 중앙선의 직선을 그려 준다.

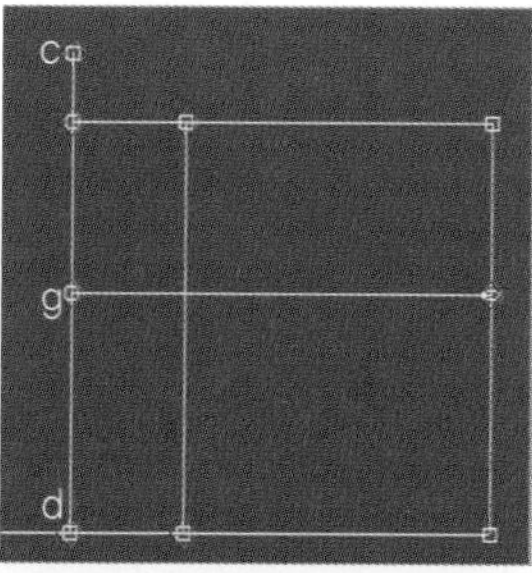

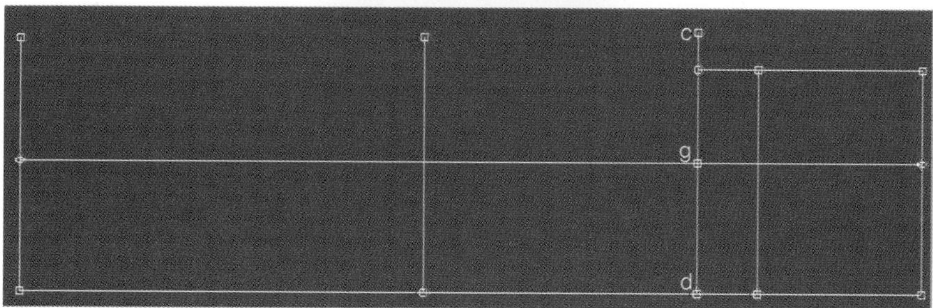

2 앞판 제도

1 앞중심선 그리기

01 >> 메뉴 [점/선 F1] 에서 [직선/곡선 점추가 ~4] 를 선택한다. → 대화창이 뜨면 방향키(↑ 또는 ↓)로 1.2cm를 입력한 후 [Enter] 를 친다.

Modaris

dx	-0.05	cm	Lock
dy	-1.37	cm	Lock
길이	1.2	cm	Lock

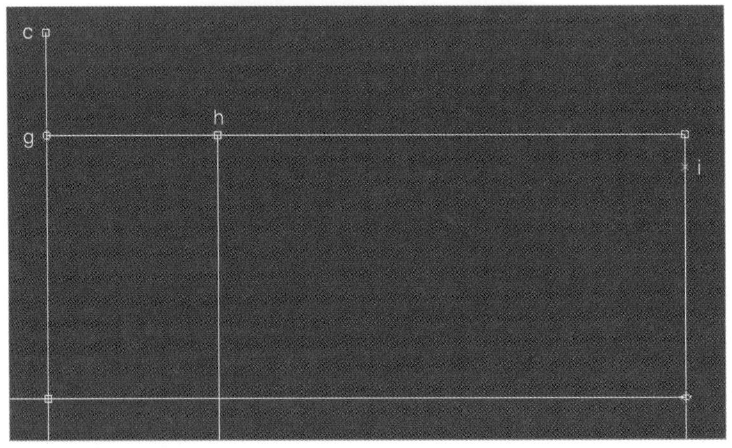

02 >> 메뉴 [점/선 F1] 에서 [직선 0] 을 선택한다. → h점과 i점을 연결한다.

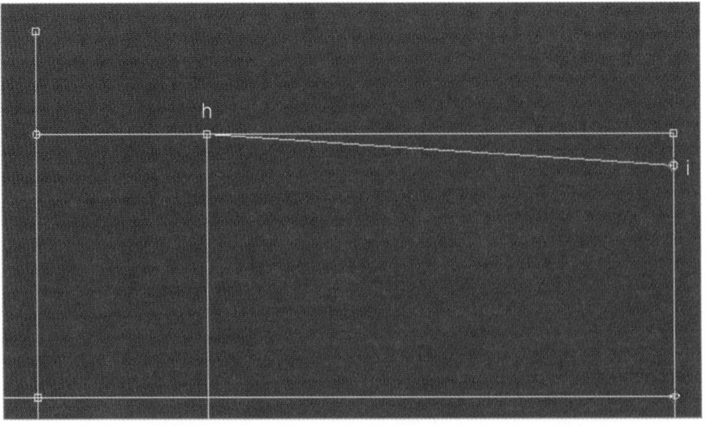

2 앞샅 곡선

01 >> 메뉴 [너치/시트회전/도구 F2] 에서 [활원] 을 선택한다. → [Shift] + Q를 누른 상태로 곡선을 그려 준다.

02 >> 곡선 수정하기

메뉴 [곡선점 P] 을 선택한다. → 메뉴 [점/선 F1] 에서 [직선/곡선 점추가 ~4] 를 선택한다. → [Shift] 를 눌러 주면서 곡선점을 추가해 준다.

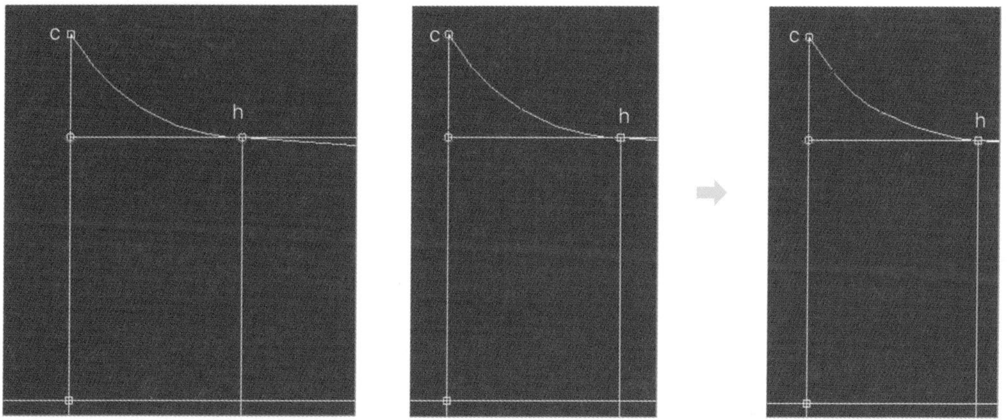

03 >> 메뉴 [수정 F3] 에서 [분리 ~6] 를 선택한 후 곡선에 있는 각각의 점들을 분리해 준다. → 메뉴 [수정 F3] 에서 [점/선 이동 D] 을 선택한 후 수정할 점들을 선택하여 이동하면서 곡선을 정리한다. → 분리해 주었던 점을 메뉴 [수정 F3]에서 [연결 ~5] 을 선택하여 연결해 준다(메뉴에서 [곡선점 P] 의 선택을 해제하여 빨간 점이 화면상에 보이지 않는다).

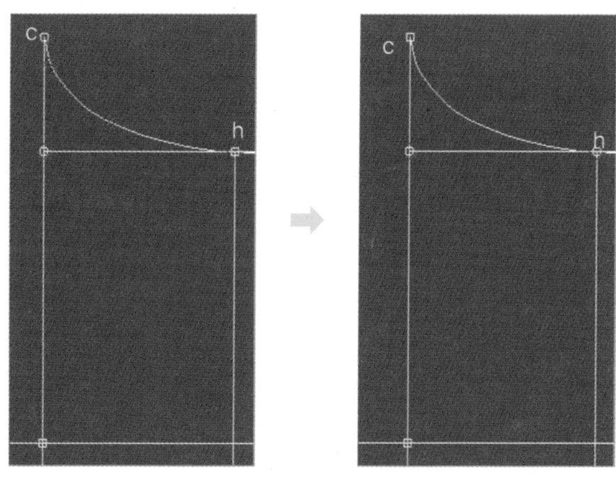

3 허리선 그리기

메뉴 [점/선 F1] 에서 [직선/곡선 점추가 ~4] 를 선택한다. → 대화창이 뜨면 방향키(↑ 또는 ↓)로 대화창에 들어가 길이에 W/4+2.5(=19.25cm)를 입력한 후 Enter 를 친다.

Modaris			
dx	0.07	cm	Lock
dy	-15.67	cm	Lock
길이	19.25	cm	Lock

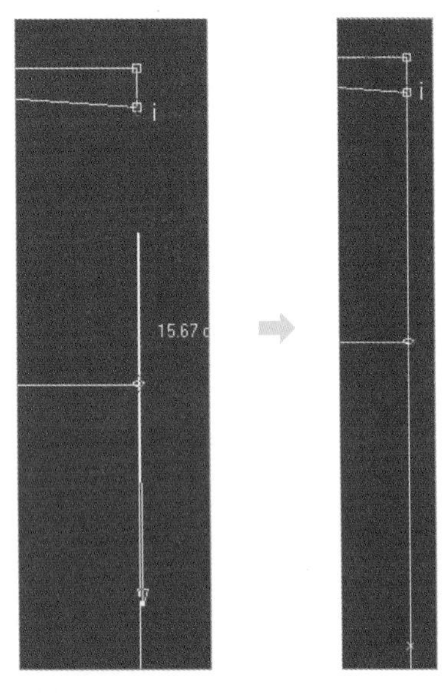

4 옆선 곡선 그리기

01 >> 메뉴 [점/선 F1] 에서 [미세곡선 b] 을 선택한 후 Shift 를 누른 상태로 곡선을 그려 준다.

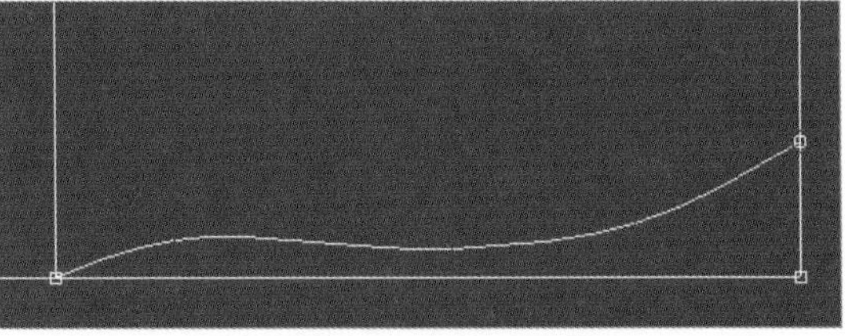

02 >> 메뉴에서 [곡선점 P] 을 선택한다. → 메뉴 [수정 F3] 에서 [분리 ~6] 을 선택한 후 곡선에 있는 각각의 점들을 선택한다. → [수정 F3] 에서 [점/선 이동 D] 을 선택한 후 수정할 점들 선택한 후 수정할 점들을 선택하여 이동해 주면서 곡선을 정리한다. → 분리해 주었던 점들을 메뉴 [수정 F3] 에서 [연결 ~5] 을 선택하여 연결해 준다.

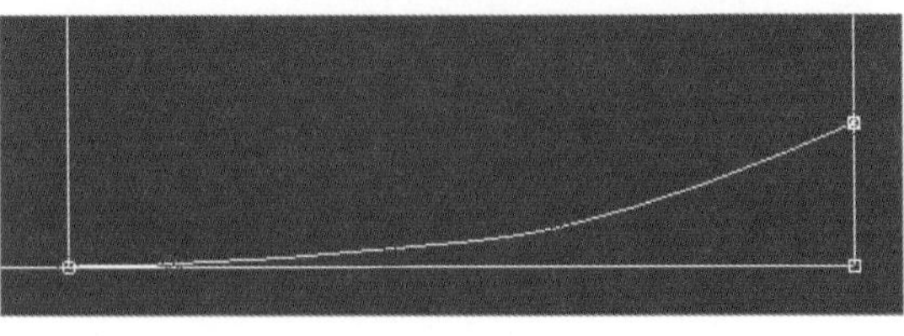

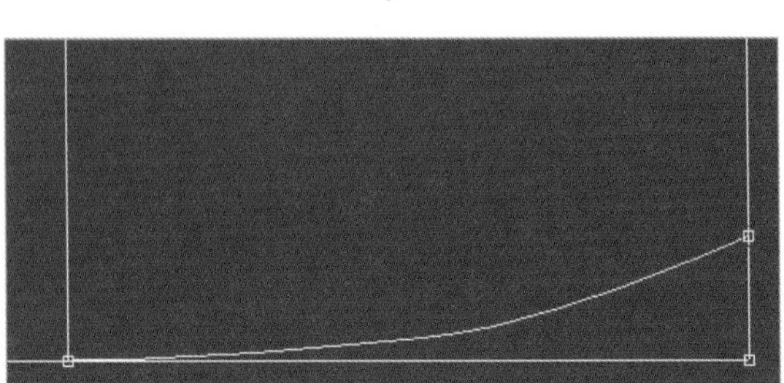

5 밑아래선 그리기

01 >> 메뉴 [점/선 F1] 에서 [직선/곡선 점추가 ~4] 를 선택한다. → 대화창이 뜨면 방향키(↑ 또는 ↓)로 대화창에 들어가 2cm를 입력한 후 Enter 를 친다.

Modaris

dx	0.11	cm	Lock
dy	2.63	cm	Lock
길이	2	cm	Lock

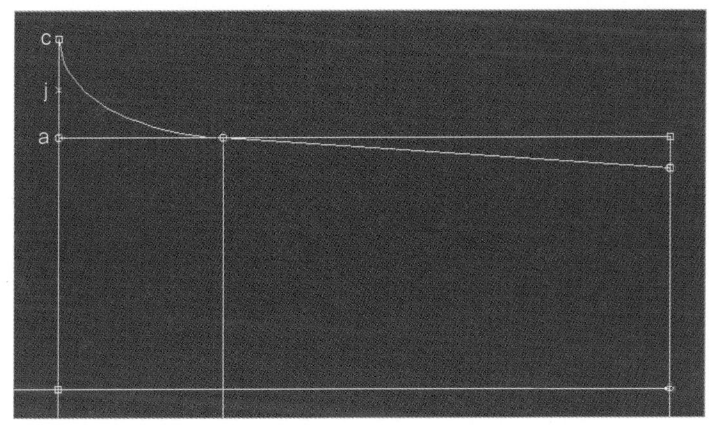

02 >> 바짓부리선 그리기

메뉴 [점/선 F1] 에서 [직선/곡선 점추가 ~4] 을 선택한다. → 대화창이 뜨면 방향키(↑ 또는 ↓)로 대화창에 들어가 8.5cm를 입력한 후 Enter 를 친다.

Modaris

dx	-0.13	cm	Lock
dy	8.51	cm	Lock
길이	8.5	cm	Lock

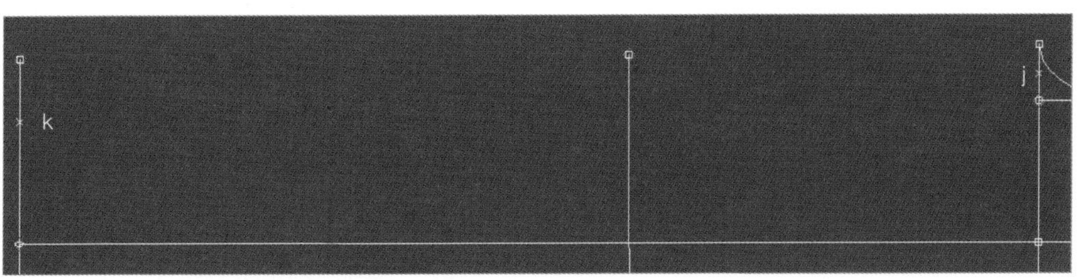

03 >> 메뉴 [점/선 F1] 에서 [직선 0] 을 선택한 후 점 j와 점 k를 연결한다.

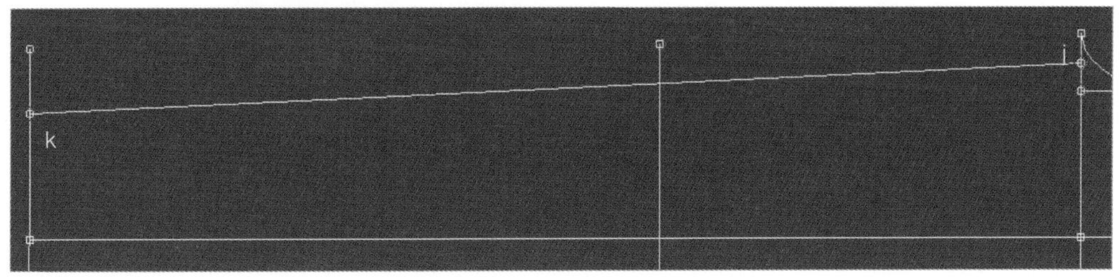

04 >> 메뉴 수정 F3 에서 두선 맞추기 를 선택한다. → a선과 b선을 선택하여 선을 정리한다. → c선과 d선을 선택하여 선을 정리한다.

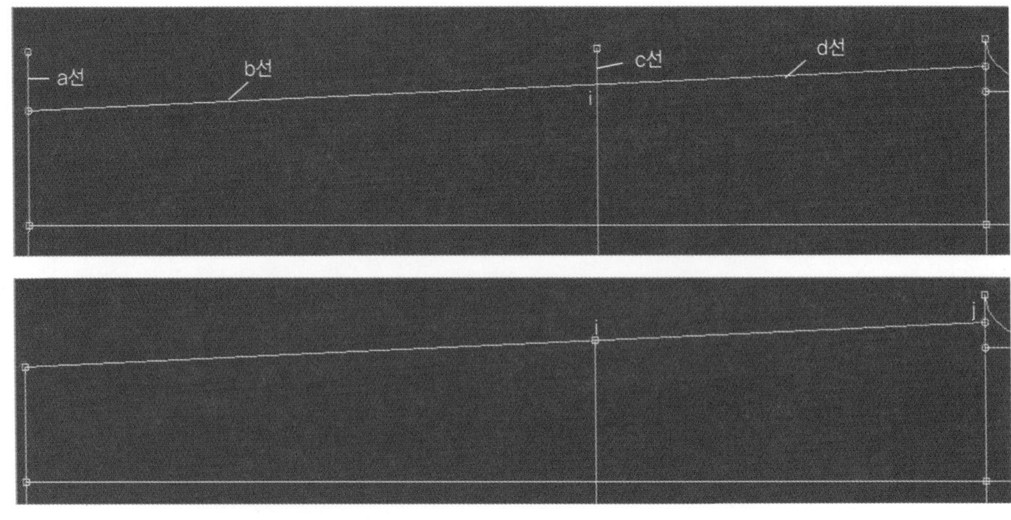

05 >> 메뉴 점/선 F1 에서 직선 0 을 선택한 후 점 c와 점 l을 연결한다.

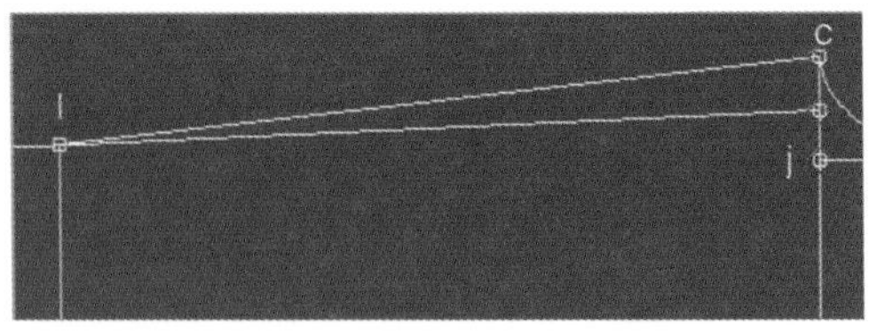

06 >> 메뉴 점/선 F1 에서 직선/곡선 점추가 ~4 를 선택한 후 Shift 를 누르면서 곡선 점을 추가한다. → 메뉴 수정 F3 에서 분리 ~6 를 선택한 후 곡선에 있는 각 점들을 선택하여 분리해 준다. → 메뉴 수정 F3 에서 점/선 이동 D 을 선택한 후 수정할 점들을 선택하여 이동해 주면서 곡선을 정리한다. → 분리해 주었던 점을 메뉴 수정 F3 에서 연결 ~5 을 선택하여 연결해 준다.

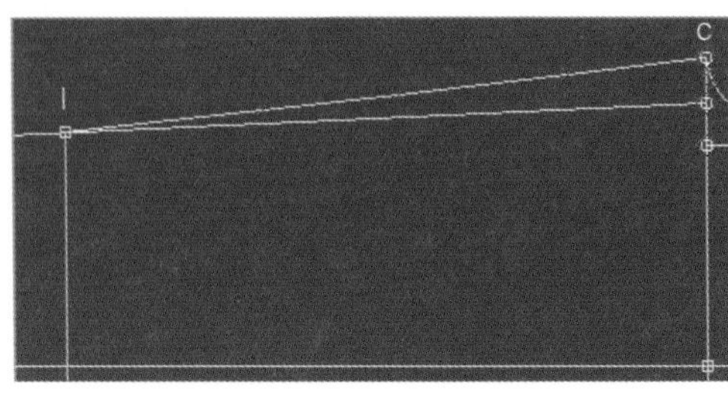

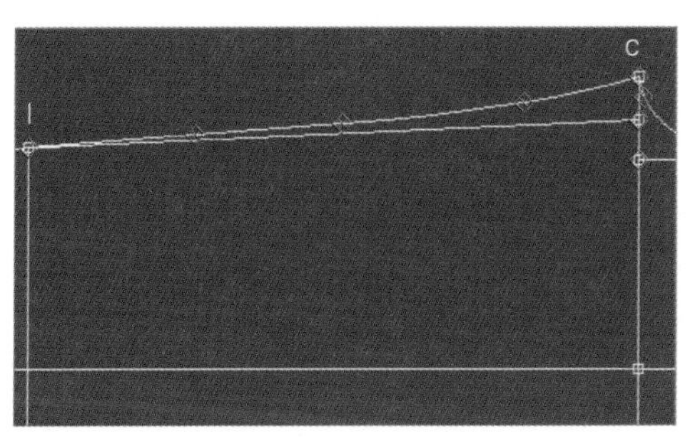

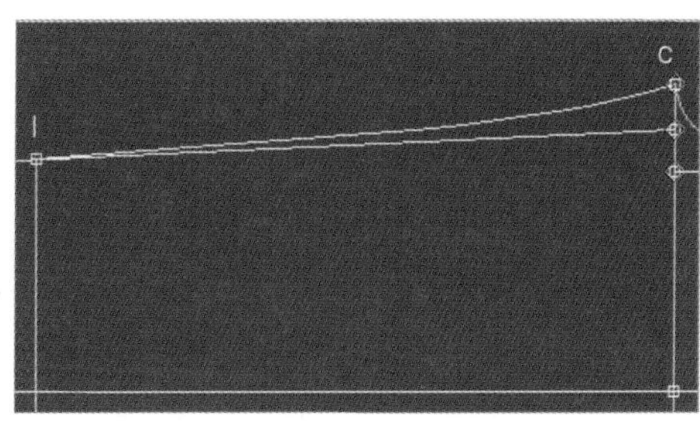

6 옆선 그리기

❶ 바짓부리 그리기

메뉴 점/선 F1 에서 직선/곡선 점추가 를 선택한다. → 대화창이 뜨면 방향키(↑ 또는 ↓)로 대화창의 길이에 들어가 8.5cm를 입력한 후 Enter 를 친다.

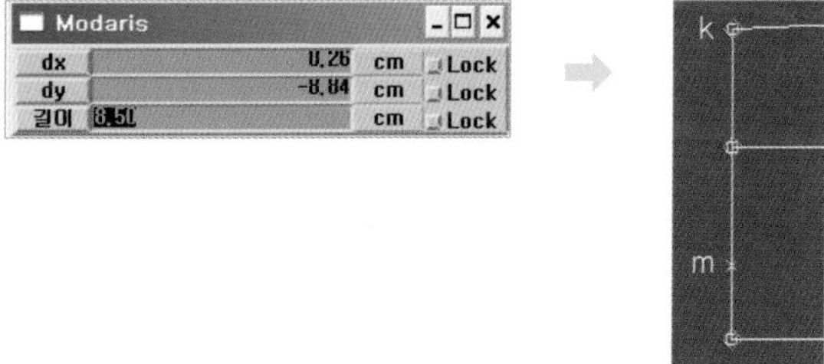

❷ 옆선 그리기

01 >> 대화창이 뜨면 방향키(↑ 또는 ↓)로 대화창에 들어가 2cm를 입력한 후 Enter 를 친다.

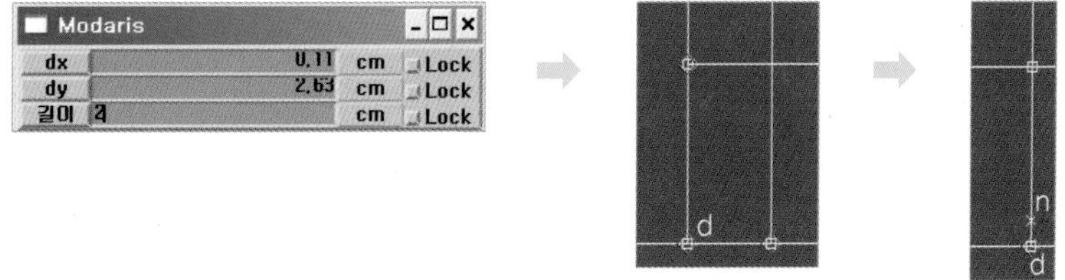

02 >> 메뉴 점/선 F1 에서 직선 을 선택한 후 점 m과 점 n을 연결한다.

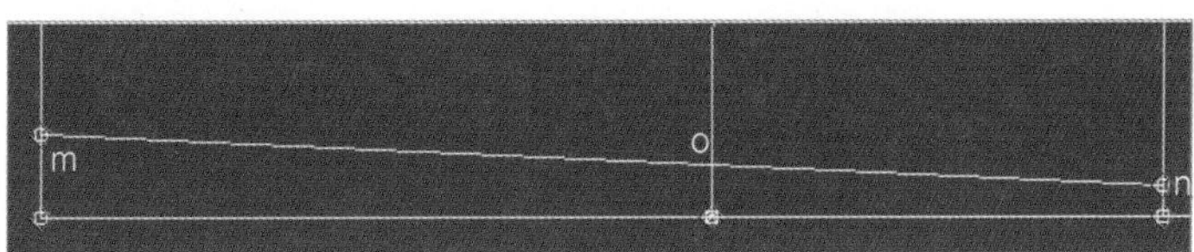

03 >> 점 d와 점 o를 연결한다.

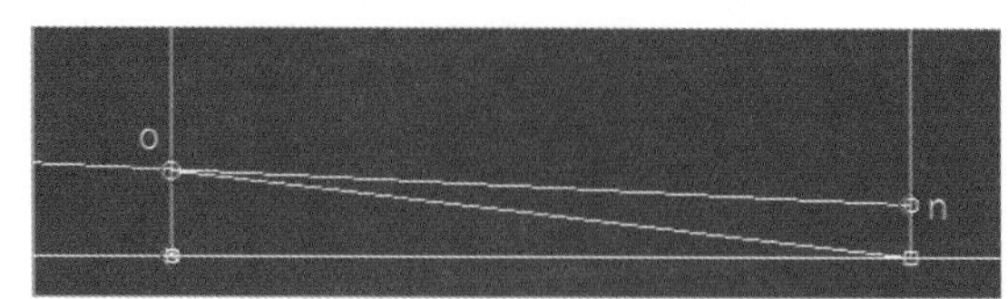

04 >> 메뉴 [점/선 F1] 에서 [직선/곡선 점추가 ~4] 를 선택한 후 Shift 를 누르면서 곡선 점을 추가한다. → 메뉴 [수정 F3] 에서 [분리 ~6] 를 선택한 후 각 점들을 선택하여 분리해 준다. → 메뉴 [수정 F3] 에서 [점/선 이동 D] 을 선택한 후 수정할 점들을 선택하여 이동해 주면서 곡선을 정리한다. → 분리해 주었던 점을 메뉴 [수정 F3] 에서 [연결 ~5] 을 선택하여 연결해 준다.

> 메뉴에서 [곡선점 P] 의 선택을 해제하여 빨간 점이 하면상에 보이지 않는다.

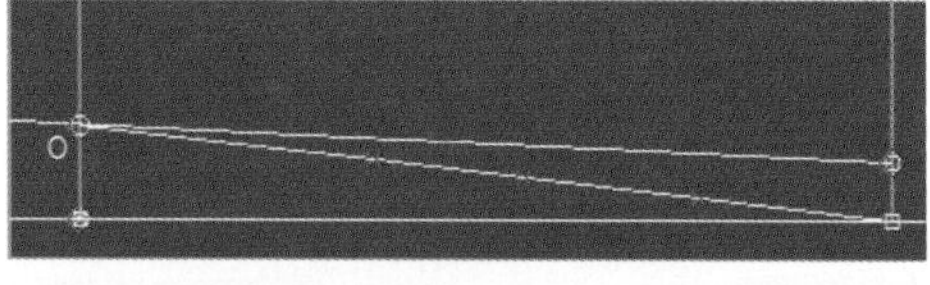

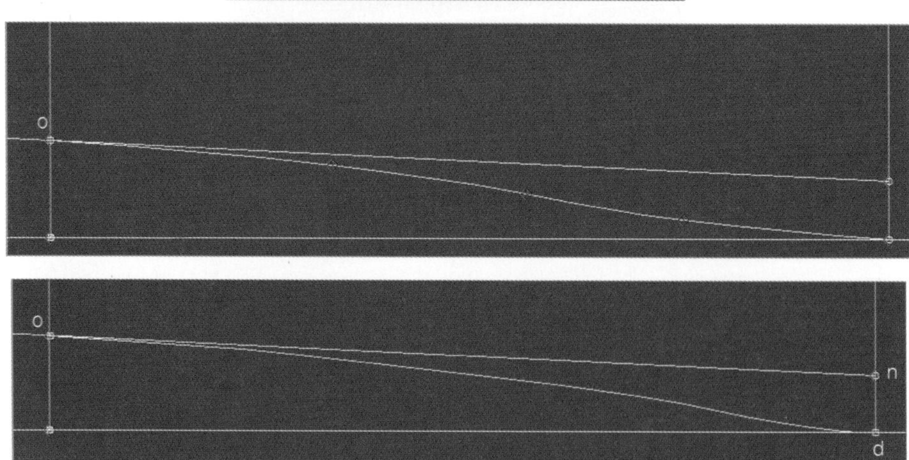

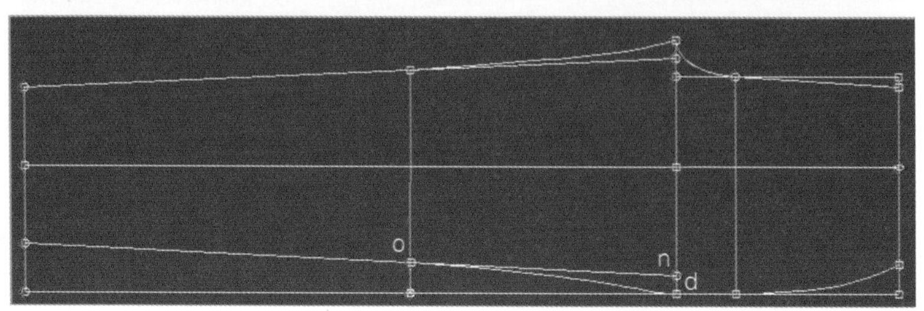

7 다트 그리기

01 >> 메뉴 [점/선 F1] 에서 [직선/곡선 점추가] 를 선택한다. → 대화창이 뜨면 방향키(↑ 또는 ↓)로 대화창에 들어가 다트 길이(=8cm)를 입력한 후 Enter 를 친다.

Modaris

dx	-8.26	cm	Lock
dy	0.45	cm	Lock
길이	8.00	cm	Lock

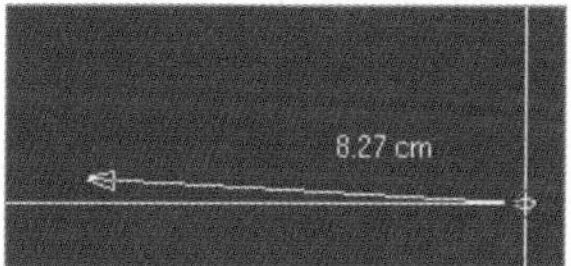

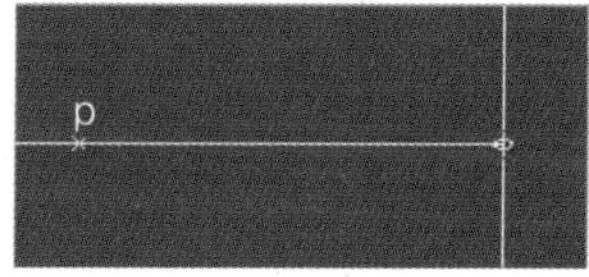

02 >> 대화창이 뜨면 방향키(↑ 또는 ↓)로 대화창에 들어가 다트량/2(=1.25cm)을 입력한 후 Enter 를 친다.

Modaris

dx	0.06	cm	Lock
dy	1.26	cm	Lock
길이	1.25	cm	Lock

03 >> 대화창이 뜨면 방향키(↑ 또는 ↓)로 대화창의 길이에 들어가 다트량/2(=1.25cm)을 입력한 후 Enter 를 친다.

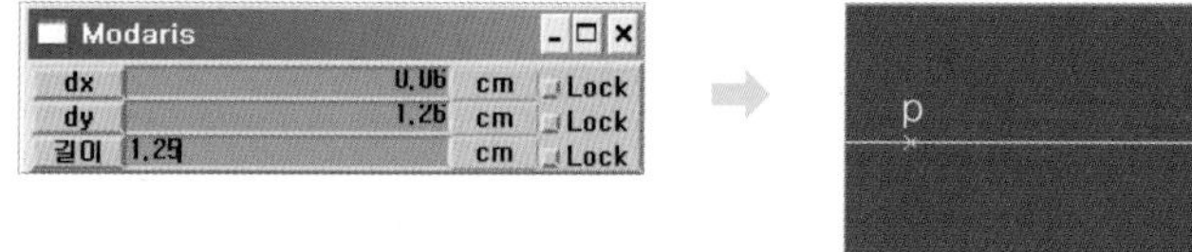

04 >> 메뉴 [점/선 F1] 에서 [직선] 을 선택한 후 점 p와 q점, 점 p와 점 r을 연결한다.

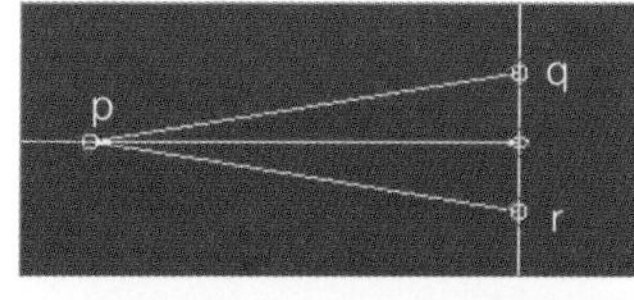

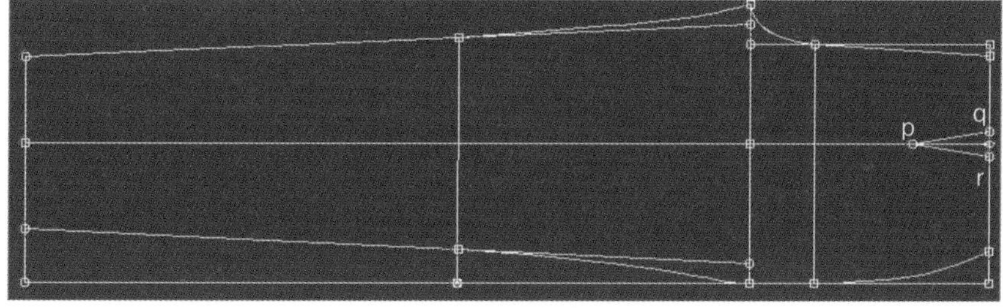

앞판 완성

3 뒤판 제도

1 앞판을 복사하고 불필요한 선을 삭제하여 뒤판 기초선으로 사용한다.

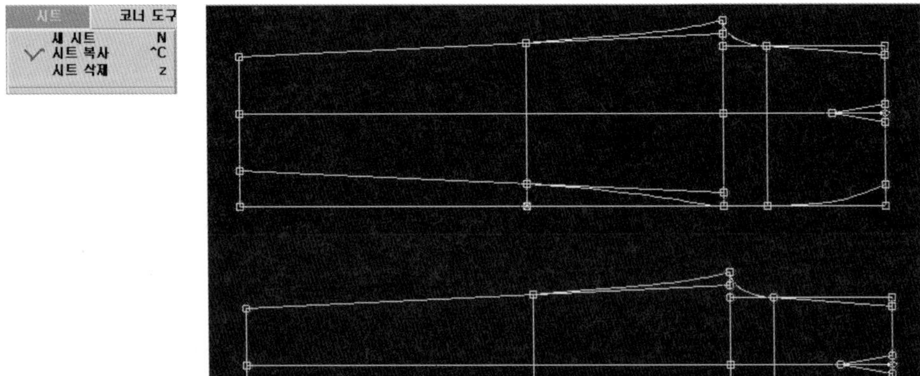

* 불필요한 선을 삭제해 준다.

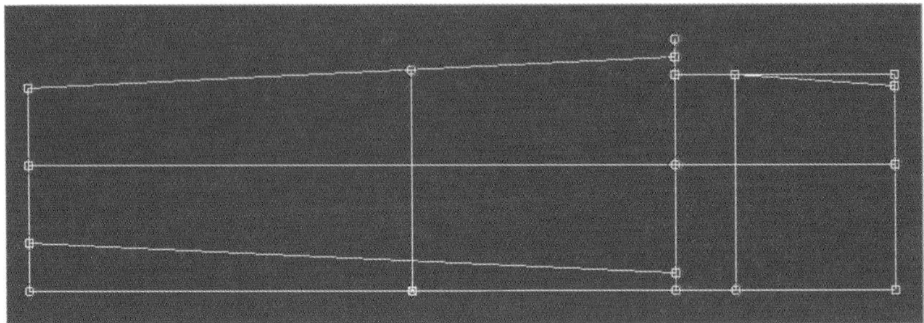

2 중심선 그리기

01 >> 메뉴 점/선 F1 에서 직선 을 선택한다. → 대화창이 뜨면 방향키(↑ 또는 ↓)로 dx에 1cm를 입력한 후 Enter 를 친다.

02 >> 대화창이 뜨면 방향키(↑ 또는 ↓)로 대화창의 길이에 들어가 3.4cm를 입력한 후 Enter 를 친다.

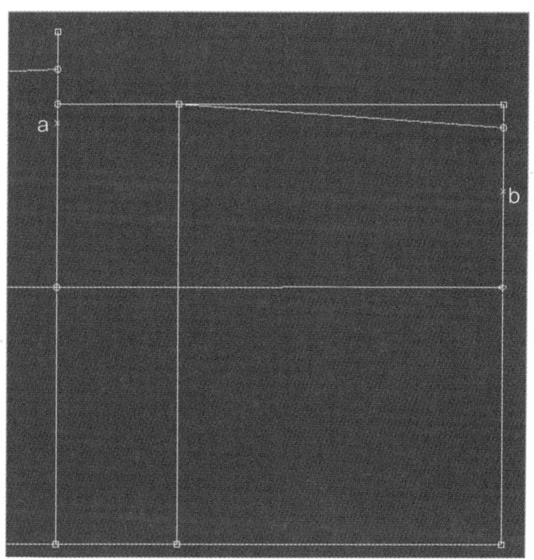

03 >> 메뉴 점/선 F1에서 직선 0 을 선택한 후 점 a와 점 b를 연결한다.

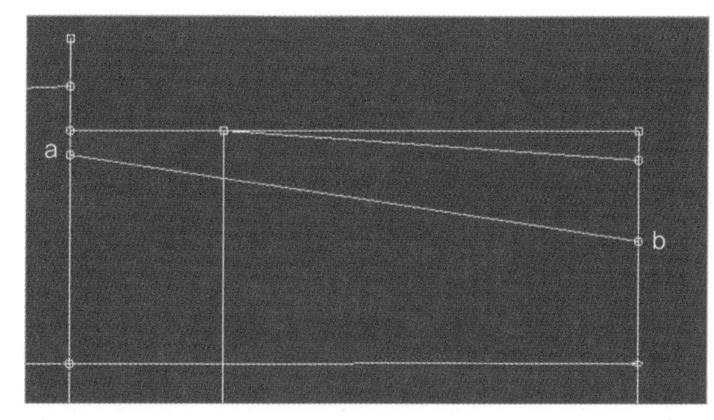

04 >> 메뉴 수정 F3에서 연장선 _ 을 뒤중심선을 선택하여 연장한다.

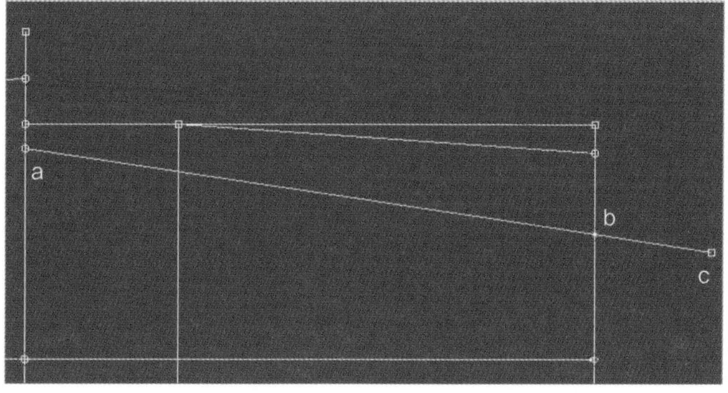

3 뒤허리선 그리기

01 >> 허리선을 선택하여 연장한다.

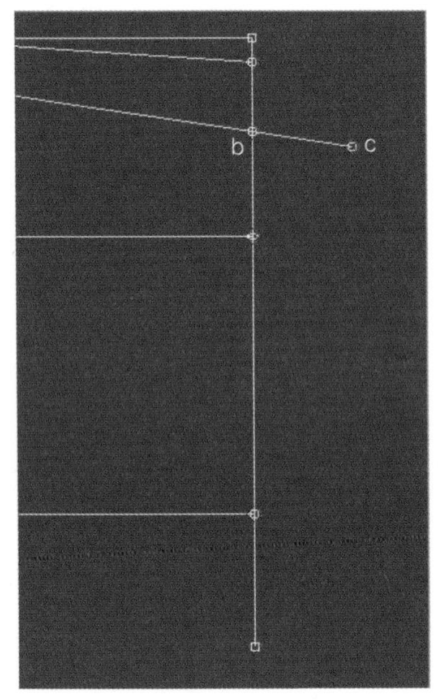

02 >> 뒤중심선을 직각이 되도록 맞춘다.

메뉴 [너치/시트회전/도구 F2] 에서 [두점기준 시트회전] 을 선택한다. → 기준축으로 바지 중심축인 점 d와 점 e를 선택한다. → 회전축으로 뒤중심선인 점 a와 점 c를 선택한다.

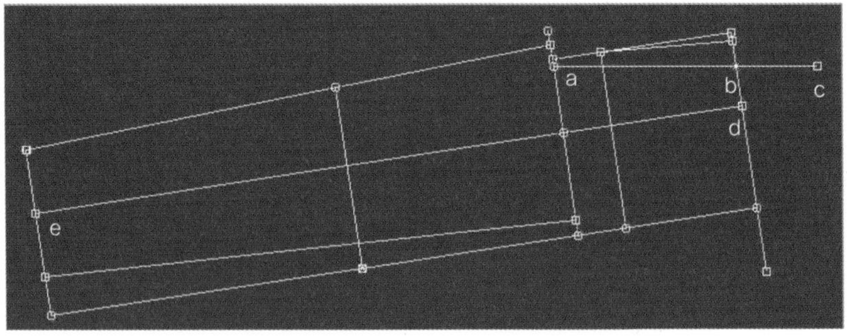

03 >> 뒤허리선 그리기

메뉴 [점/선 F1] 에서 [직선 0] 을 선택한다. → 대화창이 뜨면 방향키(↑ 또는 ↓)로 dy에 W/4+3(=19.75cm)을 입력한 후 Enter 를 친다.

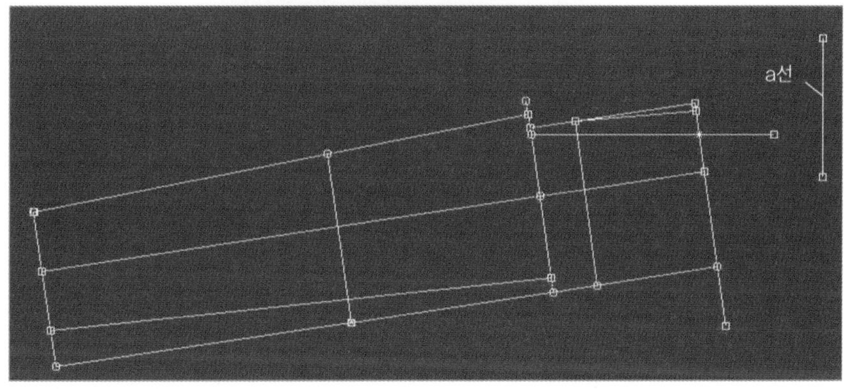

04 >> 메뉴 [수정 F3] 에서 [점/선 이동 D] 을 선택한 후 선 a를 선택하여 이동한다.

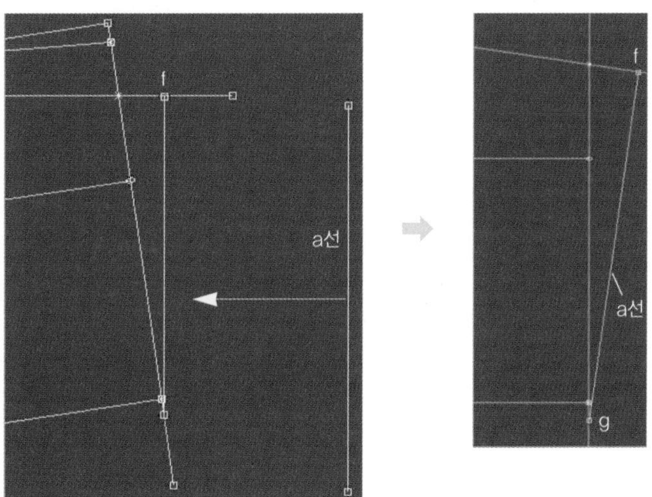

05 >> 뒤허리선 내리기

메뉴 [점/선 F1] 에서 [직선/곡선 점추가 ~4] 을 선택한다. → 대화창이 뜨면 방향키(↑ 또는 ↓)로 대화창에 들어가 1.7cm를 입력한 후 Enter 를 친다.

06 >> 메뉴 점/선 F1 에서 직선 을 선택한 후 점 h와 점 g를 연결한다.

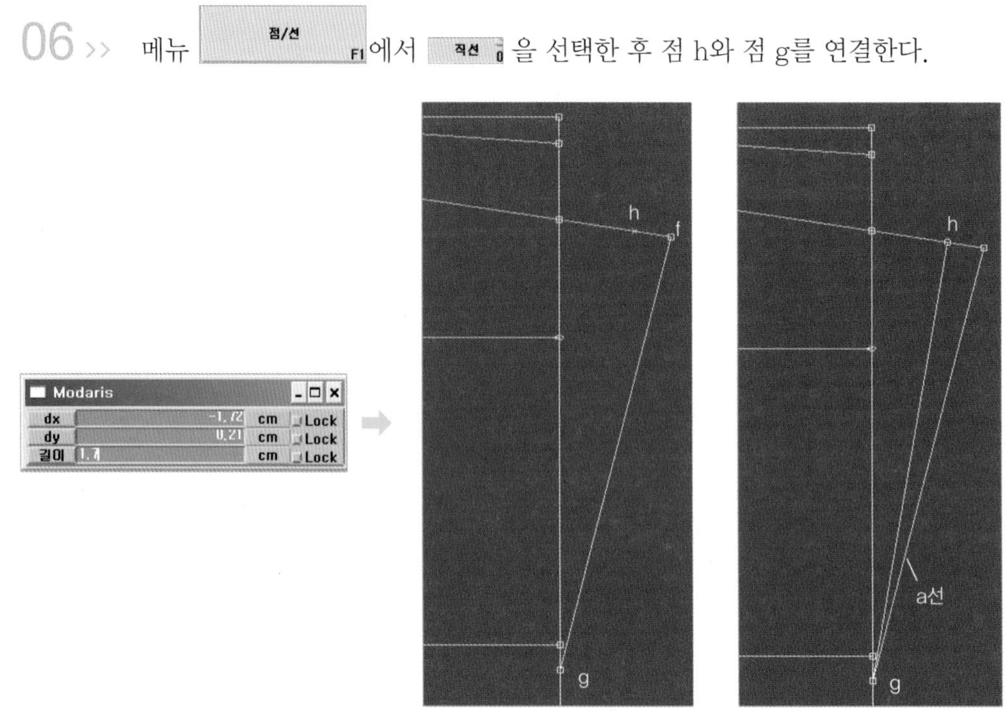

07 >> a선을 삭제한다.

08 >> 사선을 정리한다. 메뉴 수정 F3 에서 두선 맞추기 를 선택한 후 b선과 c선을 선택하여 선을 정리한다.

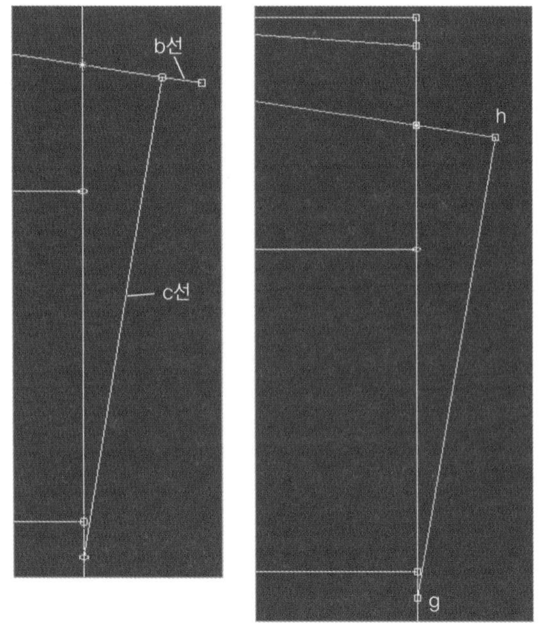

4 엉덩이선 그리기

01 >> 메뉴 [점/선 F1] 에서 [직선/곡선 점추가] 를 선택한다. → 대화창이 뜨면 방향키(↑ 또는 ↓)로 대화창에 들어가 엉덩이길이(=18cm)를 입력한 후 Enter 를 친다.

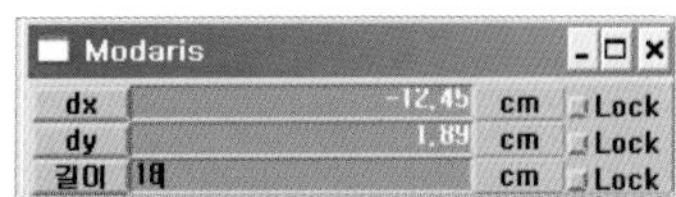

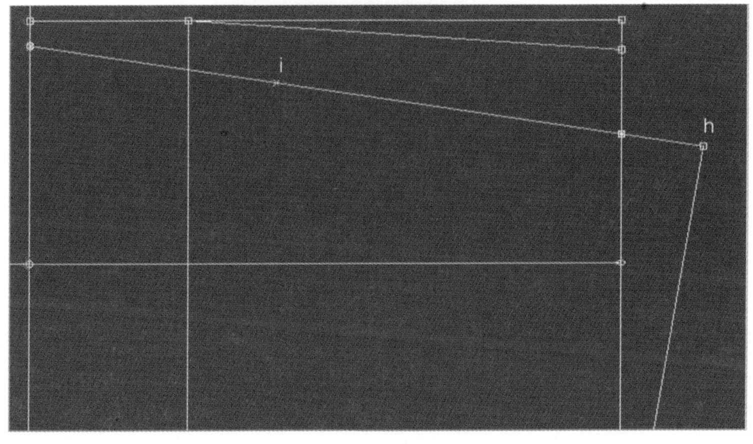

02 >> 엉덩이선 연장

메뉴 [수정 F3] 에서 [연장선] 을 선택한 후 엉덩이선을 선택하여 연장한다.

03 >> 메뉴 점/선 F1 에서 직선 0 을 선택한다. → 대화창이 뜨면 방향키(↑ 또는 ↓)로 dy에 H/4+0.5(=24.75cm)를 입력한 후 Enter 를 친다. → 메뉴 수정 F3 에서 스트레치 ~p 를 선택한다. → 점 i와 점 j를 선택하여 선을 이동한다.

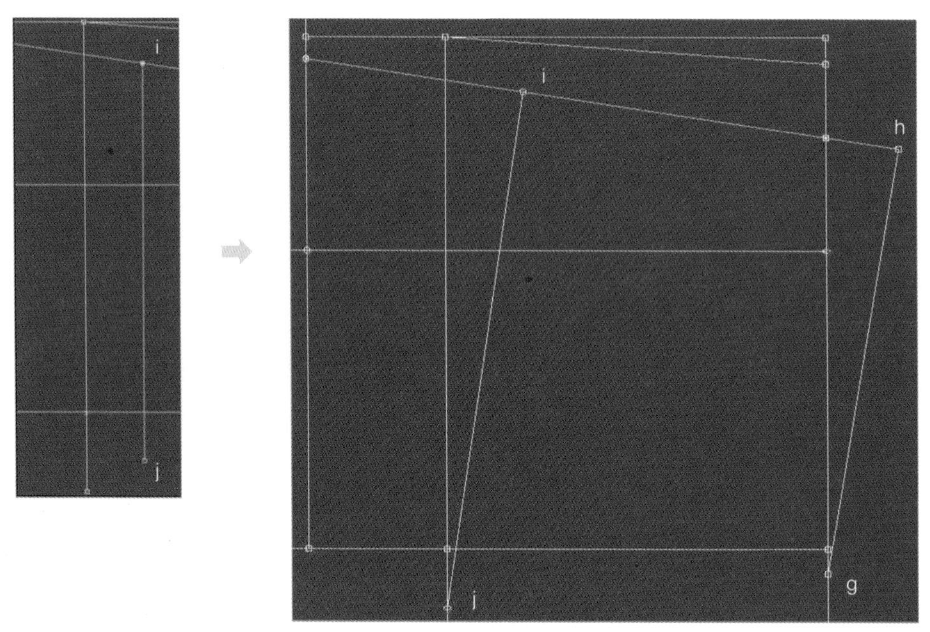

5 옆선 정리

01 >> 메뉴 수정 F3 에서 두선 맞추기 를 선택한다. → d선과 e선을 선택하여 선을 정리한다. → c선과 b선을 선택하여 선을 정리한다.

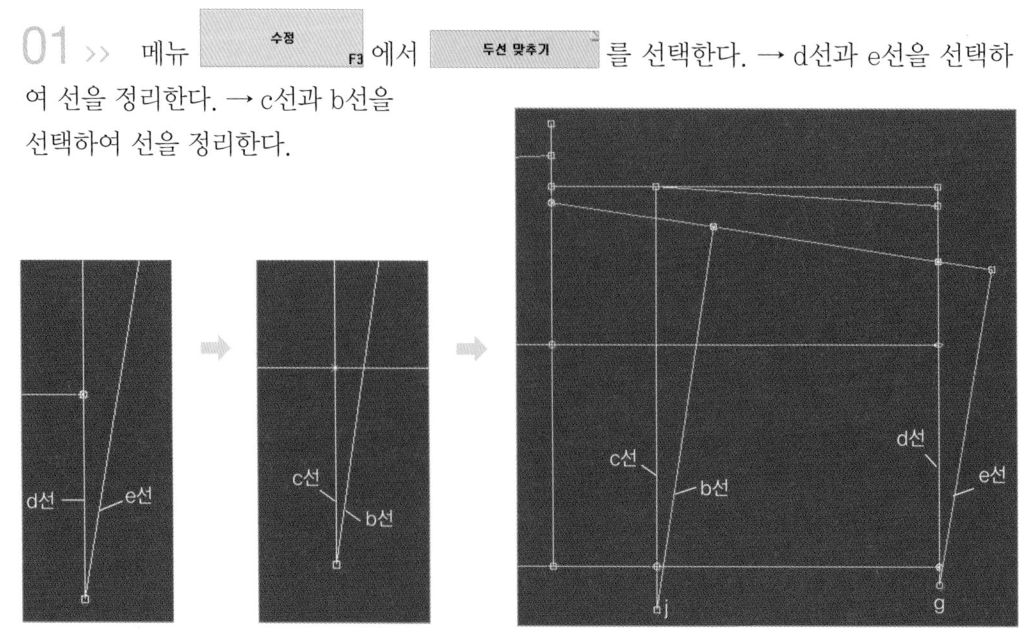

6 뒤샅선 그리기

01 >> 뒤샅선 그리기

메뉴 수정 F3 에서 연장선 을 선택한다. → 대화창이 뜨면 방향키(↑ 또는 ↓)로 대화창에 들어가 1.2cm를 입력한 후 Enter 를 친다.

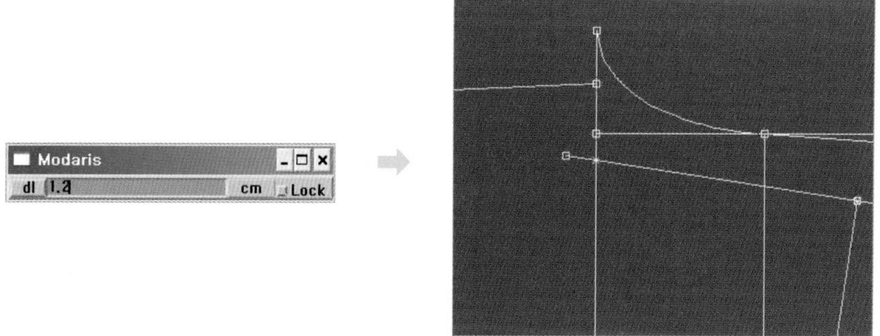

02 >> 메뉴 점/선 F1 에서 직선 0 을 선택한다. → 대화창이 뜨면 방향키(↑ 또는 ↓)로 dy에 H/8−1.5(=10.25cm)를 입력한 후 Enter 를 친다.

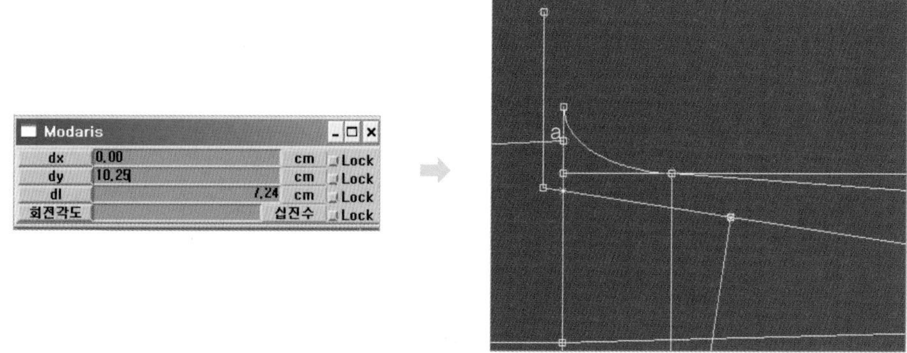

03 >> 대화창이 뜨면 방향키(↑ 또는 ↓)로 dx에 1cm를 입력한 후 Enter 를 친다.

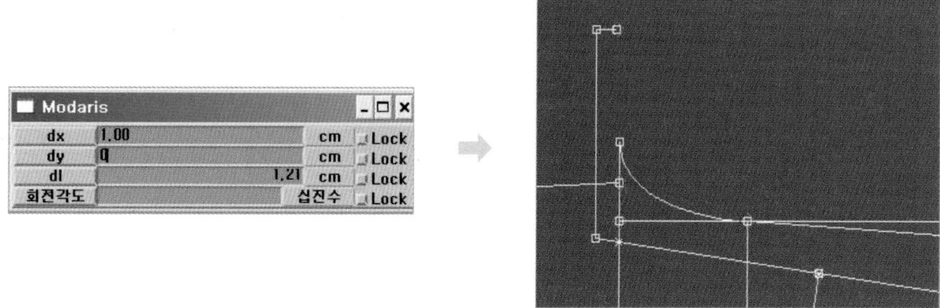

04 >> 뒤샅 곡선 그리기

메뉴 [너치/시트회전/도구 F2] 에서 [활원] 을 선택한 후 Shift +Q를 누른 상태로 곡선을 그려 준다.

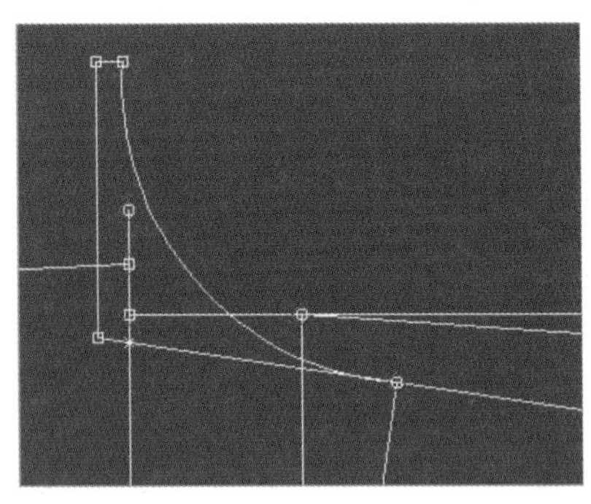

05 >> 곡선 수정하기

메뉴에서 [곡선점 P]을 선택한다. → 메뉴 [점/선 F1]에서 [직선/곡선 점추가 ~4]를 선택한다. → Shift 를 누르면서 곡선점을 추가한다. → 메뉴 [수정 F3]에서 [분리 ~6]를 선택한 후 각 점들을 선택하여 분리한다. → 메뉴 [수정 F3]에서 [점/선 이동 D]을 선택한 후 수정할 점들을 선택하여 이동하면서 곡선을 정리한다. → 분리한 점을 메뉴 [수정 F3]에서 [연결 ~5] 을 선택하여 연결한다.

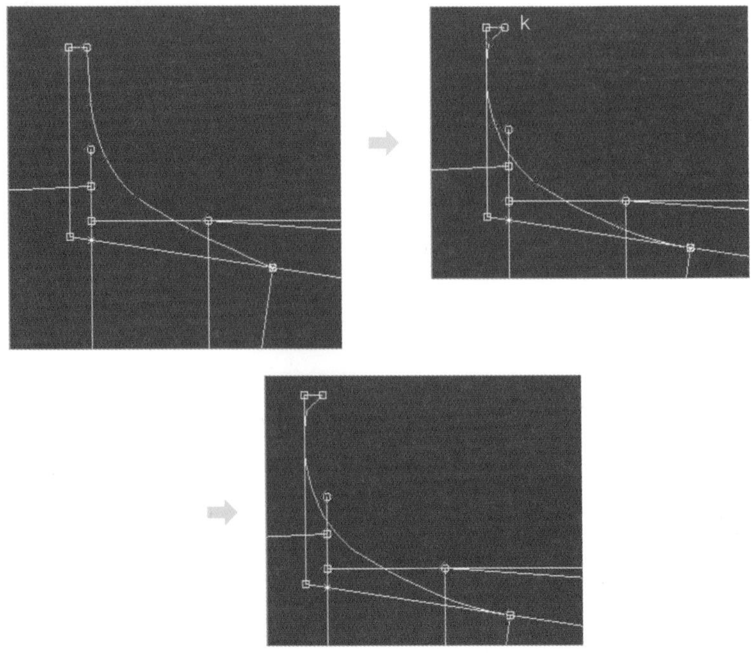

7 밑아래선 그리기

01 >> 메뉴 [점/선 F1] 에서 [직선] 을 선택한다. → 대화창이 뜨면 방향키(↑ 또는 ↓)로 dy에 1cm를 입력한 후 [Enter] 를 친다. → 점 l과 점 m을 연결한다.

Modaris

dx	0	cm	Lock
dy	1.00	cm	Lock
dl		cm	Lock
회전각도		십진수	Lock

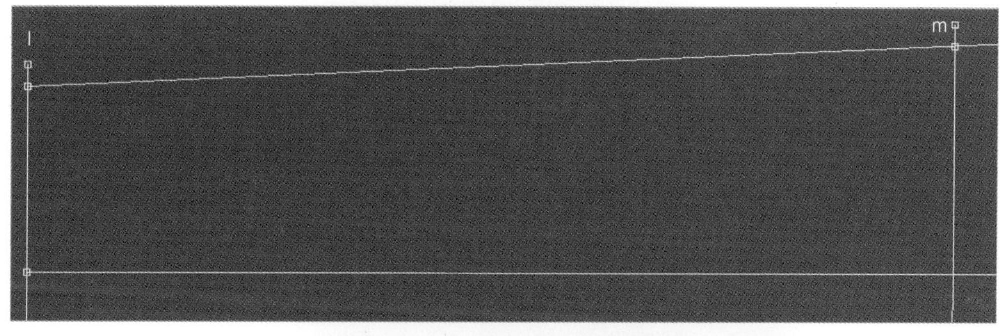

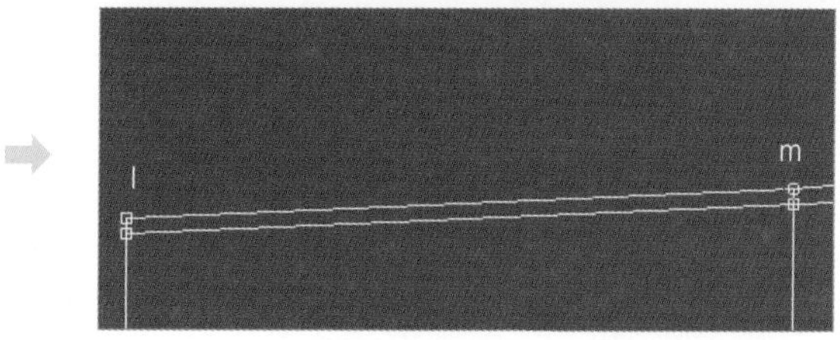

02 >> 점 k와 점 m을 연결한다.

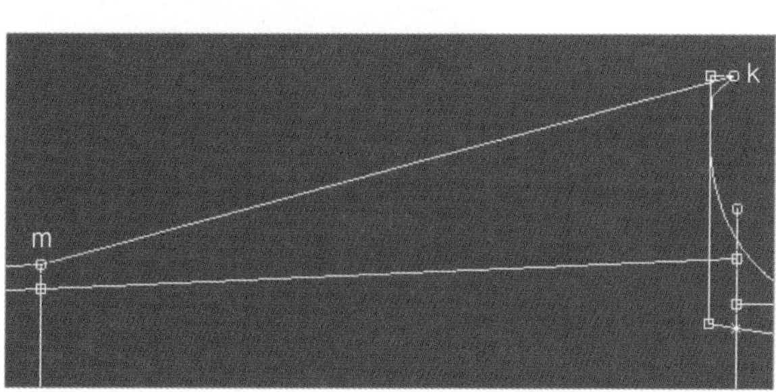

03 >> 곡선 정리

메뉴 [점/선 F1] 에서 [직선/곡선 점추가] 를 선택한다. → [Shift] 를 누르면서 곡선점을 추가해 준다.

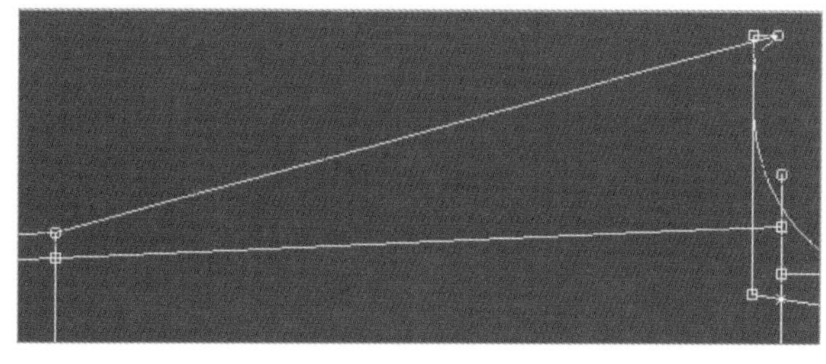

04 >> 메뉴 [수정 F3]에서 [분리 ~6]를 선택한 후 각 점들을 선택하여 분리해 준다. → 메뉴 [수정 F3]에서 [점/선 이동 D]을 선택한 후 수정할 점들을 선택하여 이동해 주면서 곡선을 정리한다. → 분리해 주었던 점을 메뉴 [수정 F3]에서 [연결 ~5]을 선택하여 연결해 준다.

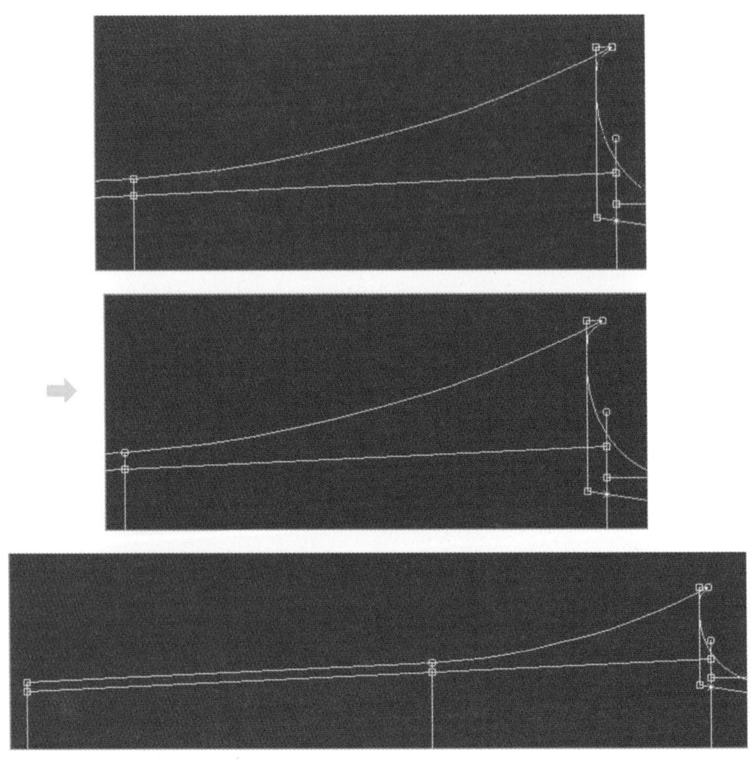

8 옆선 그리기

01 >> 메뉴 [점/선 F1] 에서 [직선/곡선 점추가 ~4]를 선택한다. → 대화창이 뜨면 방향키(↑ 또는 ↓)로 대화창에 들어가 1cm를 입력한 후 Enter 를 친다. → 메뉴 [점/선 F1] 에서 [교차점 I]을 선택한다.

Modaris

dx	-0.05	cm	Lock
dy	-1.49	cm	Lock
길이	1	cm	Lock

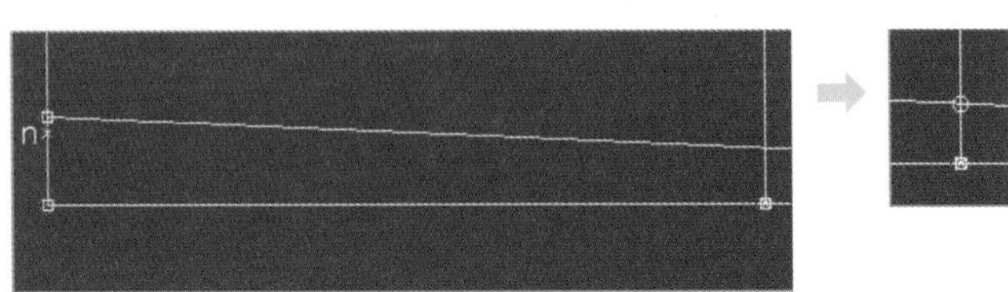

02 >> 메뉴 점/선 F1 에서 직선/곡선 점추가 ~4 를 선택한다. → 대화창이 뜨면 방향키(↑ 또는 ↓)로 대화창에 들어가 1cm를 입력한 후 Enter 를 친다.

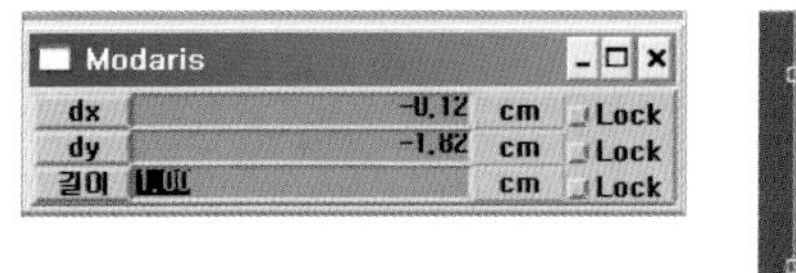

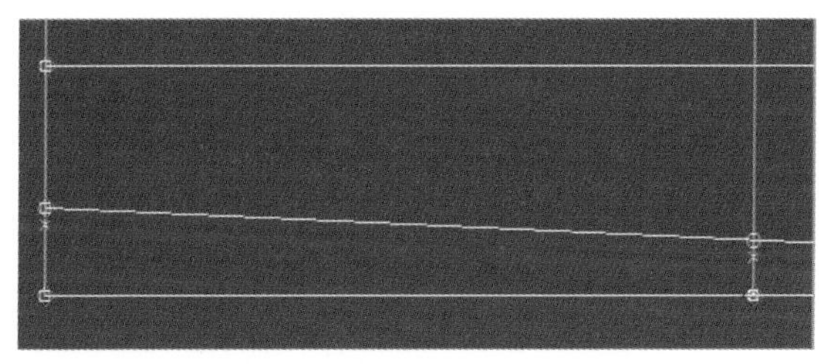

03 >> 메뉴 점/선 F1 에서 직선 0 을 선택한 후 점 n과 점 o를 연결한다. → 점 o와 점 j를 연결한다.→ 점 j와 점 g를 연결한다.

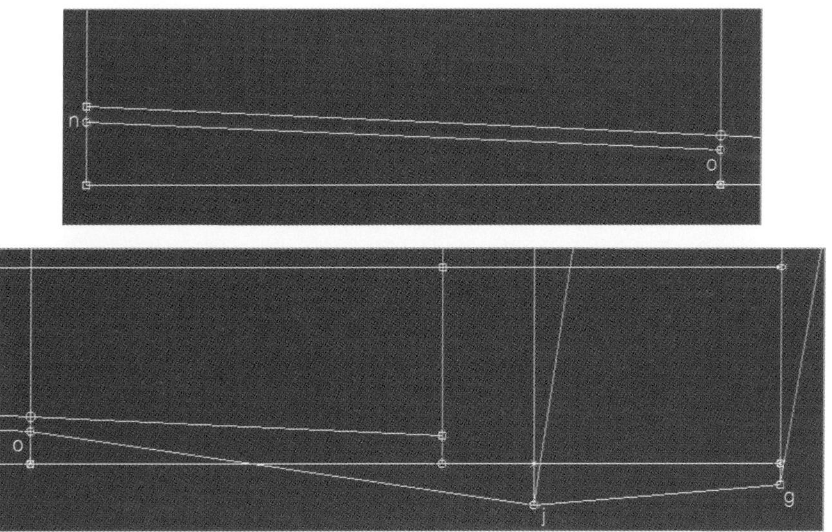

04 >> 옆선 곡선 정리

메뉴에서 곡선점 P 을 선택한다. → 메뉴 점/선 F1 에서 직선/곡선 점추가 ~4 를 선택한다. → Shift 를 누르면서 곡선점을 추가한다.

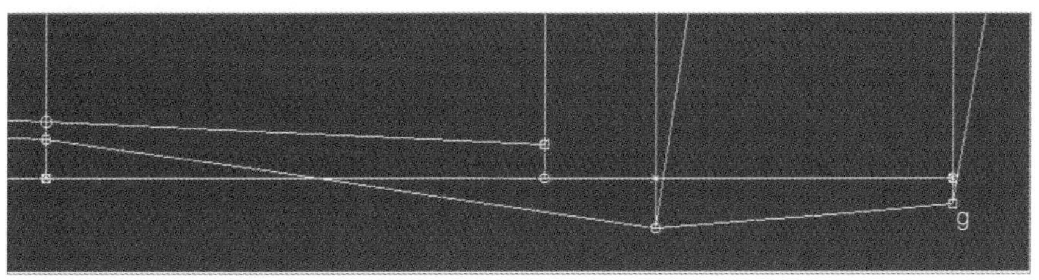

05 >> 메뉴 [수정 F3]에서 [분리 ~6]를 선택한 후 각 점들을 선택하여 분리해 준다. → 메뉴 [수정 F3]에서 [점/선 이동 D]을 선택한 후 수정할 점들을 선택하여 이동해주면서 곡선을 정리한다. → 분리해 주었던 점을 메뉴 [수정 F3]에서 [연결 ~5] 을 선택하여 연결한다.

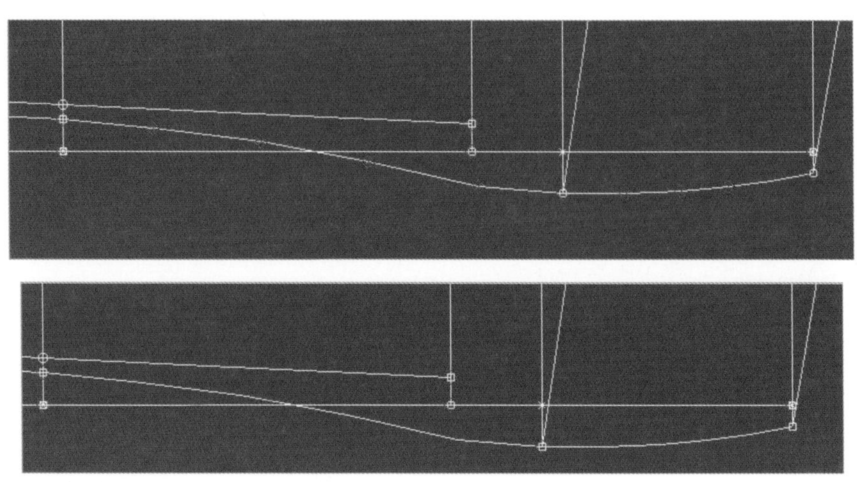

9 다트 그리기

01 >> 메뉴 [점/선 F1] 에서 [점등분]을 선택한다. → 점 h, g를 선택한다. → 대화창에 등분할 숫자를 입력한 후 Enter 를 친다.

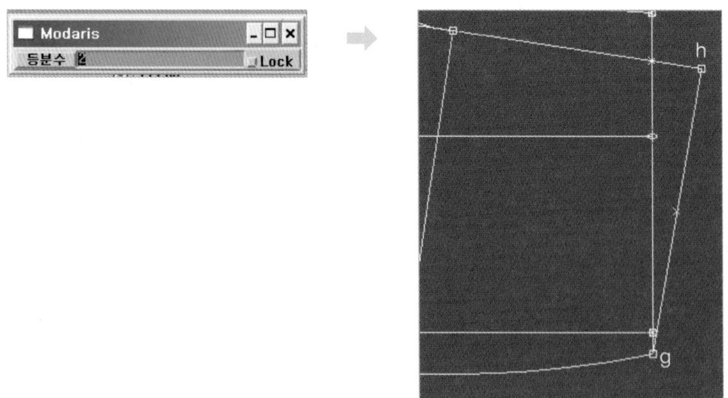

02 >> 메뉴 [점/선 F1] 에서 [직선 0] 을 선택한다. → [Shift] 을 눌러 주면서 이등분점의 직각을 그려 준다.

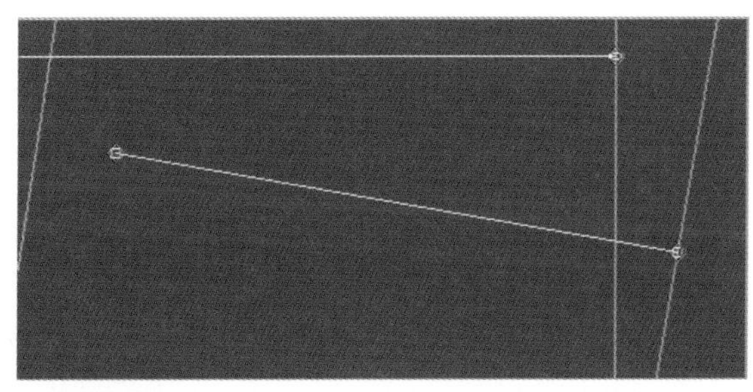

03 >> 메뉴 [점/선 F1] 에서 [직선/곡선 점추가 ~4]를 선택한다. → 대화창이 뜨면 방향키(↑ 또는 ↓)로 대화창에 들어가 다트 길이(=11cm)를 입력한 후 [Enter] 를 친다.

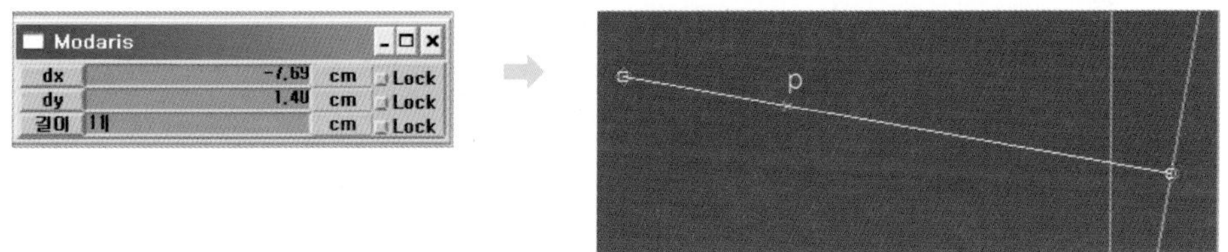

04 >> 대화창이 뜨면 방향키(↑ 또는 ↓)로 대화창에 들어가 다트량/2(=1.5cm)을 입력한 후 [Enter] 를 친다.

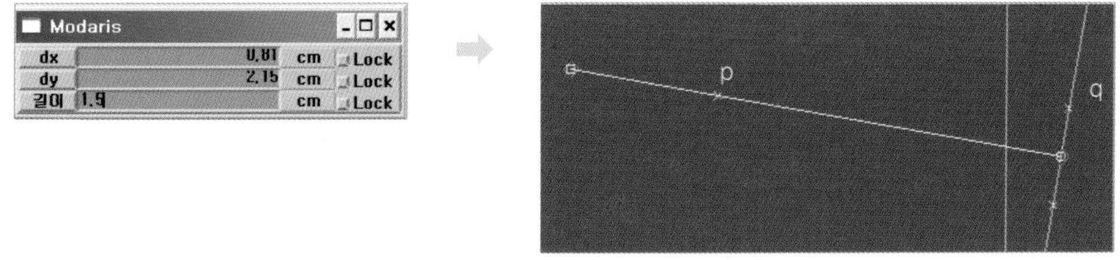

05 >> 메뉴 [점/선 F1] 에서 [직선 0] 을 선택한다. → 점 p와 점 q, 점 p와 점 r을 연결한다.

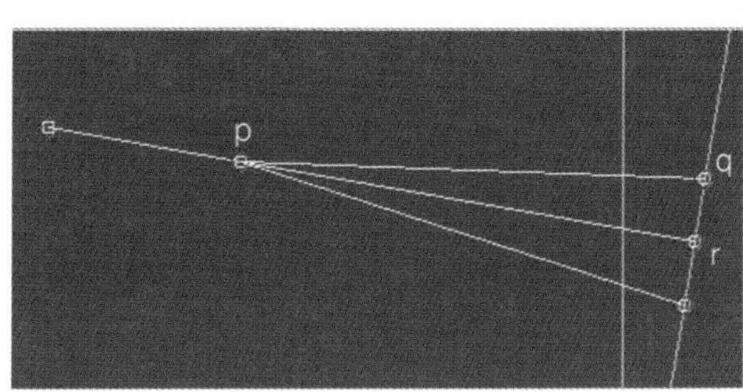

06 >> 메뉴 수정 F3 에서 두선 맞추기 를 선택한다. → f선과 g선을 선택하여 선을 정리한다.

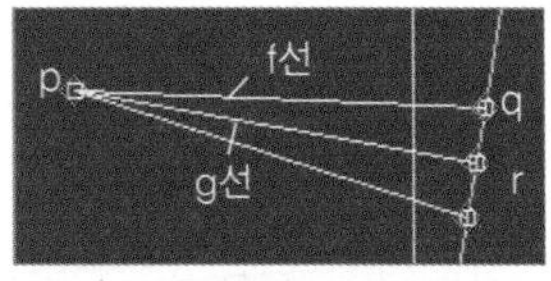

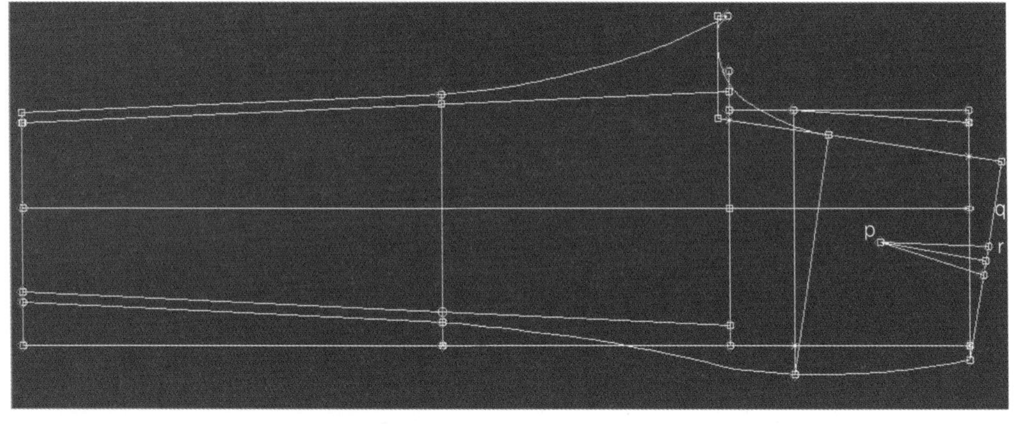

4 주머니 그리기

01 >> 메뉴 점/선 F1 에서 직선/곡선 점추가 ~4 를 선택한다. → 대화창이 뜨면 방향키(↑ 또는 ↓)로 대화창에 들어가 주머니폭(=4cm)을 입력한 후 Enter 를 친다.

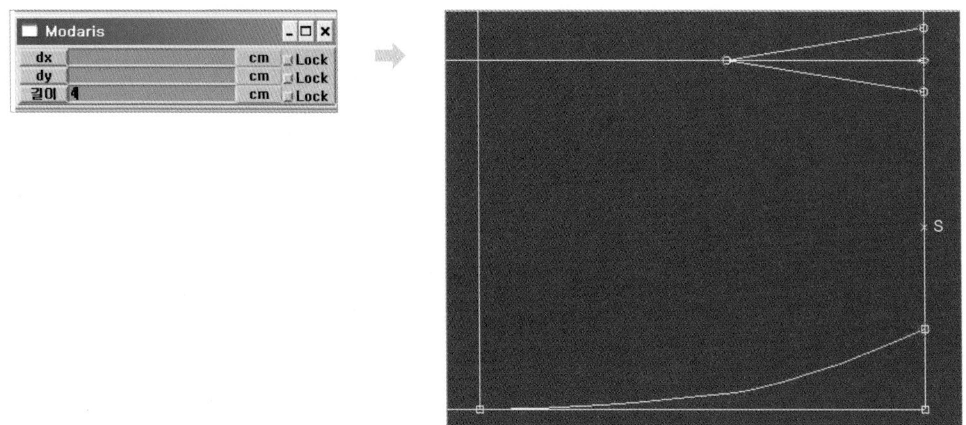

02 >> 대화창이 뜨면 방향키(↑ 또는 ↓)로 대화창에 들어가 주머니길이(=16cm)를 입력한 후 Enter 를 친다.

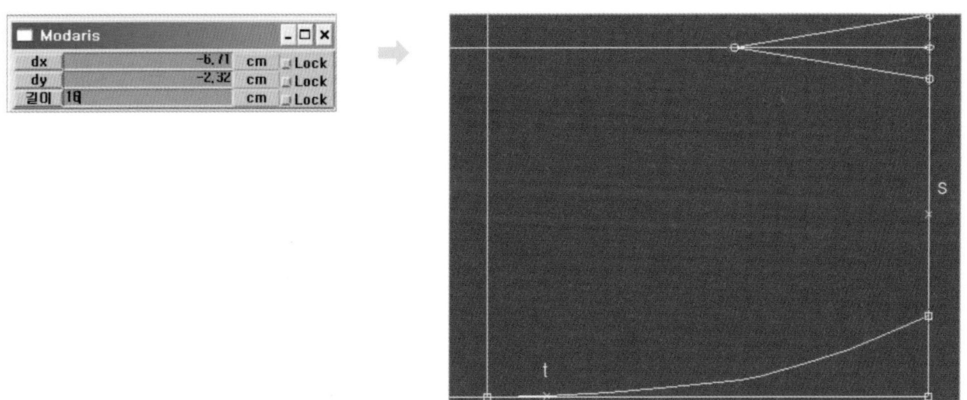

03 >> 메뉴 점/선 F1 에서 직선 을 선택한 후 점 s와 점 t를 연결한다.

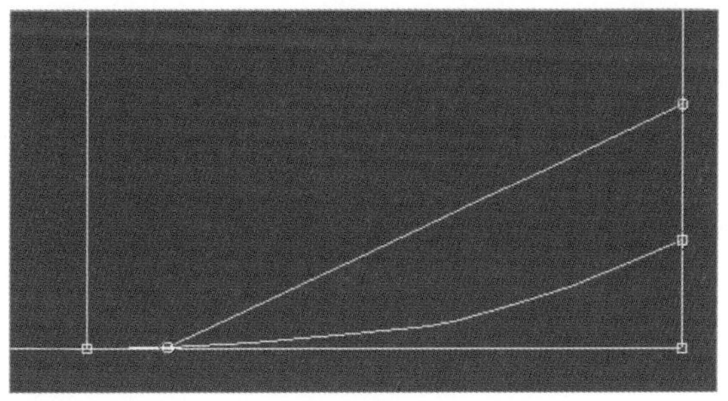

04 >> 메뉴 점/선 F1 에서 직선/곡선 점추가 를 선택한다. → 대화창이 뜨면 방향키(↑ 또는 ↓)로 대화창에 들어가 속주머니폭(=2cm)을 입력한 후 Enter 를 친다.

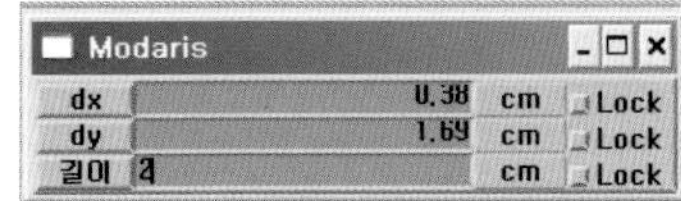

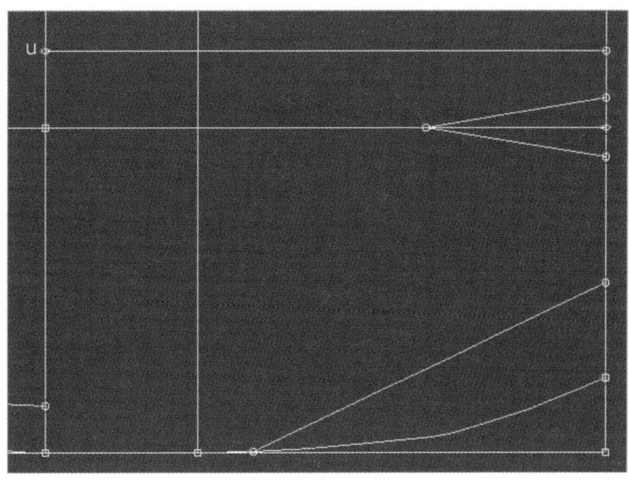

05 >> 대화창이 뜨면 방향키(↑ 또는 ↓)로 대화창에 들어가 속주머니 길이(=6cm)를 입력한 후 Enter 를 친다.

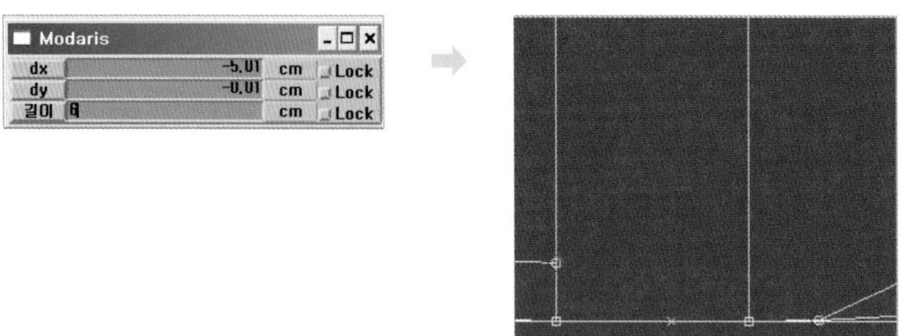

06 >> 메뉴 점/선 F1 에서 직선 을 선택한 후 점 u와 점 v를 연결한다.

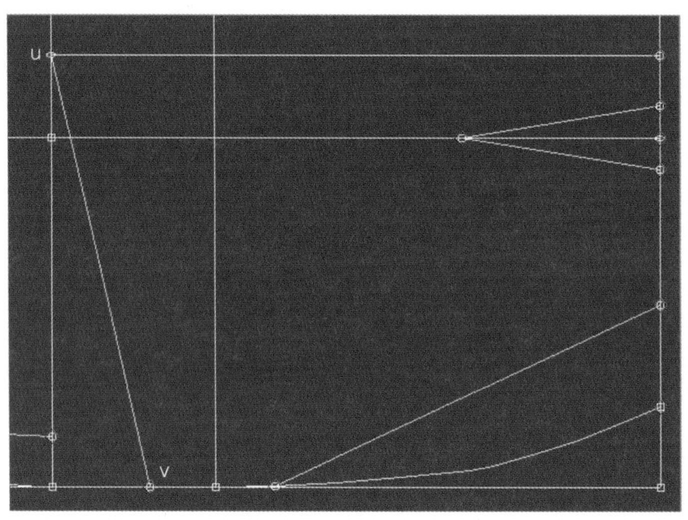

07 >> 밑아래 곡선 정리

메뉴 점/선 F1 에서 직선/곡선 점추가 ~4 를 선택한 후 Shift 를 눌러 주면서 곡선점을 추가한다. → 메뉴 수정 F3 에서 분리 ~6 을 선택한 후 각 점들을 선택하여 분리한다. → 메뉴 수정 F3 에서 점/선 이동 을 선택한 후 수정할 점을 선택하여 이동해 주면서 곡선을 정리한다. → 분리한 점을 메뉴 수정 F3 에서 연결 ~5 을 선택하여 연결한다.

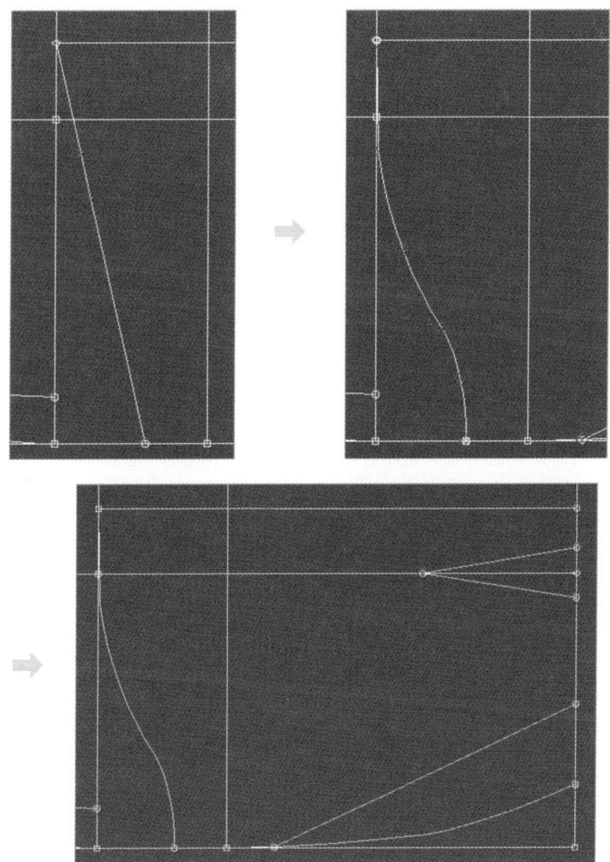

08 >> 완 성

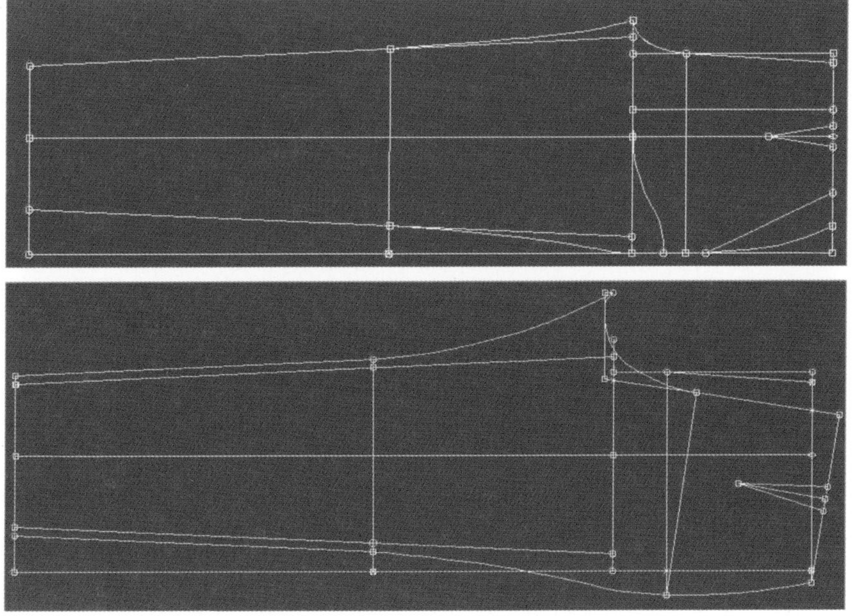

4. 상의 원형 | Basic Bodice Pattern

필요 치수

단위 : cm

항 목	가슴둘레	젖가슴둘레	허리둘레	엉덩이둘레	겨드랑이 앞벽 사이 길이 (舊 앞품)	겨드랑이 뒤벽 사이 길이 (舊 뒤품)
치 수	83	81	64	90	32.5	35
항 목	목옆젖꼭지허리둘레선 길이 (舊 앞길이)	목옆젖꼭지 길이 (舊 유장)	젖꼭지 사이 수평 길이 (舊 유폭)	등길이	어깨사이길이 (舊 어깨너비)	엉덩이옆길이 (舊 엉덩이길이)
치 수	40.5	24.5	17	38	37	18

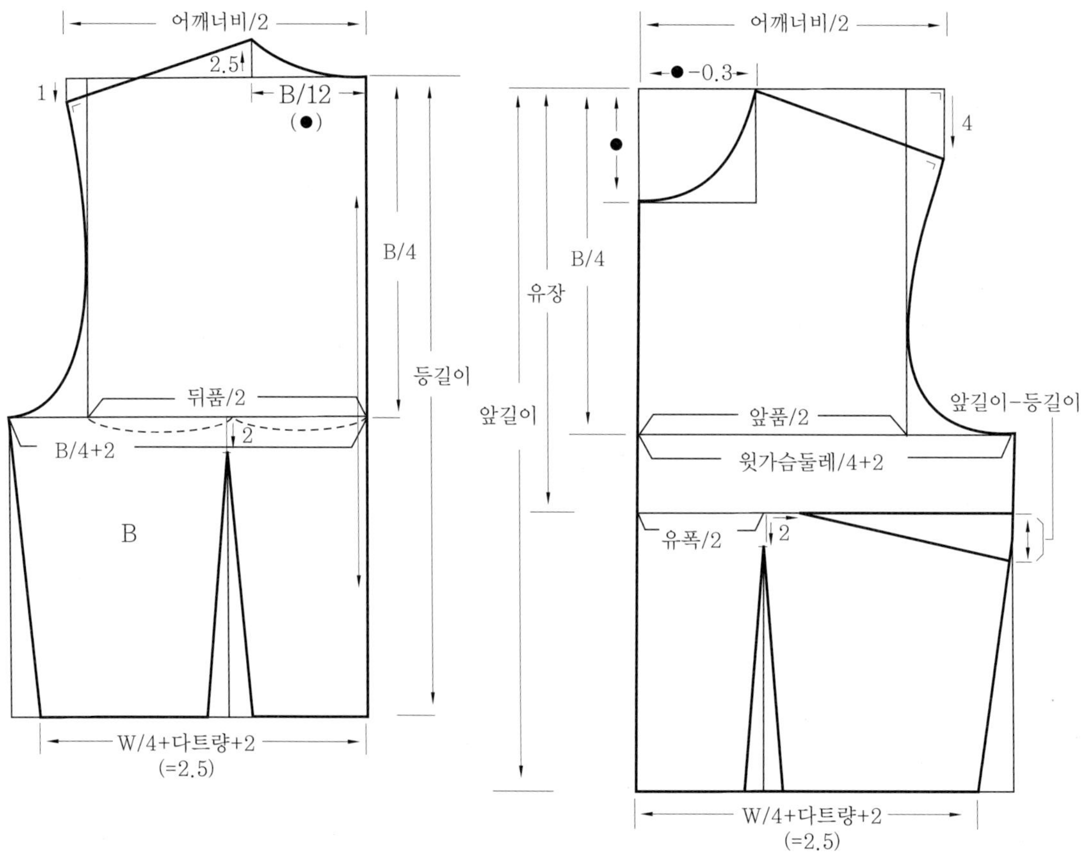

상의원형 제도

1 기초선 그리기

사용 도구

1 기초선 – 뒤판

01 ›› 메뉴 점/선 F1 에서 직선 0 을 선택한다. → 대화창이 뜨면 방향키(↑ 또는 ↓)로 dy에 등길이(=38cm)를 입력한 후 Enter 를 친다.

a
b

02 ›› 진동 깊이

메뉴 점/선 F1 에서 직선/곡선 점추가 ~4 를 선택한다. → 대화창이 뜨면 방향키(↑ 또는 ↓)로 길이에 B/4(=20.25cm)를 입력한 후 Enter 를 친다.

Modaris
dx cm Lock
dy cm Lock
길이 20.25 cm Lock

a
b

03 >> 뒤판폭 그리기

메뉴 점/선 F1 에서 직선 0 을 선택한다. → 대화창이 뜨면 방향키(↑ 또는 ↓)로 dx에 B/4+2를 입력한 후 Enter 를 친다. → 점 b, c 사이를 메뉴 측량/패턴결합/가먼트 F8 에서 화면 전시 길이 측정 L 으로 재 준다.

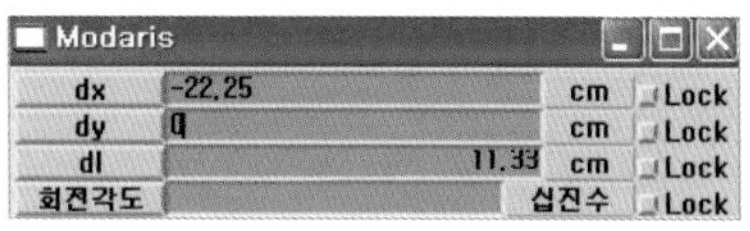

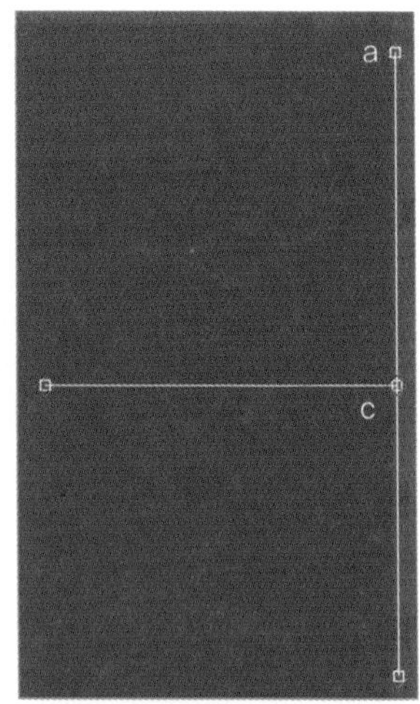

04 >> 메뉴 점/선 F1 에서 평행선 X 을 선택한다. → 대화창이 뜨면 방향키(↑ 또는 ↓)로 대화창에 들어가 -17.75cm를 입력한 후 Enter 를 친다.

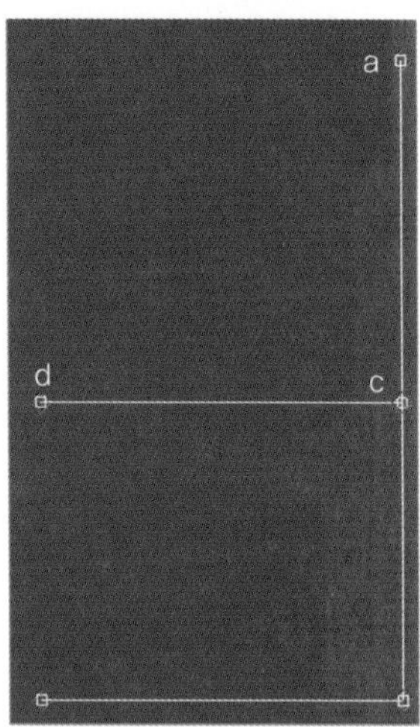

05 >> 메뉴 점/선 F1 에서 직선 0 을 선택한 후 점 d, e를 연결한다.

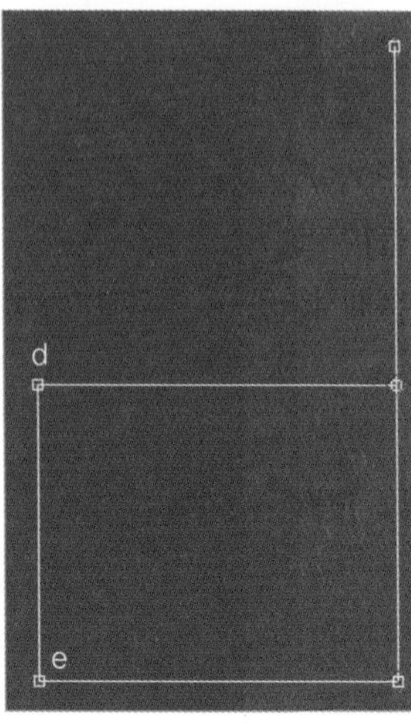

06 >> 뒤품 그리기

메뉴 점/선 F1 에서 직선/곡선 점추가 를 선택한다. → 대화창이 뜨면 방향키(↑ 또는 ↓)로 길이에 뒤품/2(=17.5cm)을 입력한 후 Enter 를 친다.

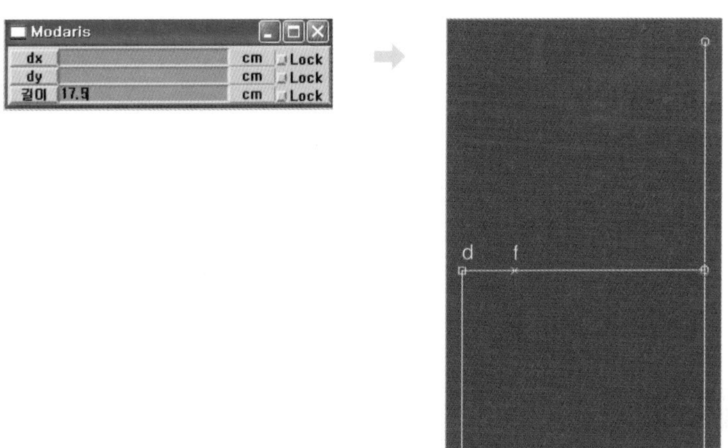

07 >> 메뉴 점/선 F1 에서 직선 을 선택한다. → 대화창이 뜨면 방향키(↑ 또는 ↓)로 dx에 뒤품/2(=17.5cm)을 입력한 후 Enter 를 친다. → 점 f, g를 연결한다.

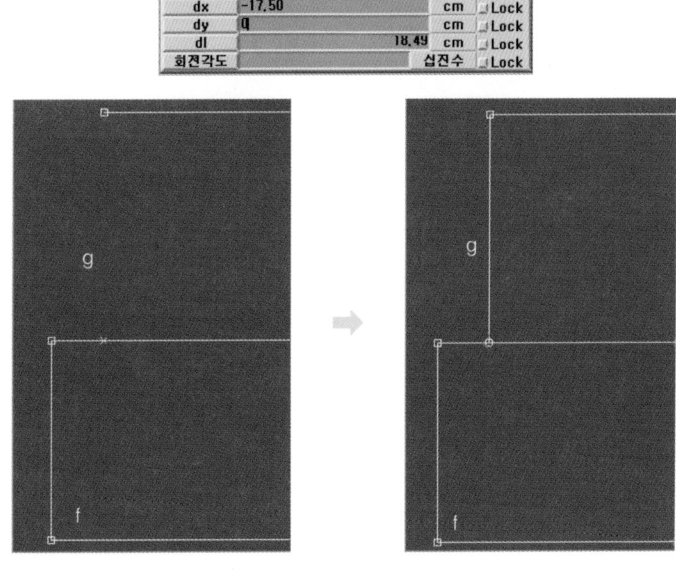

2 기초선 – 앞판

01 >> 메뉴 [점/선 F1] 에서 [직선 0] 을 선택한다. → 대화창이 뜨면 방향키(↑ 또는 ↓)로 dy에 앞길이(=40.5cm)를 입력한 후 Enter 를 친다.

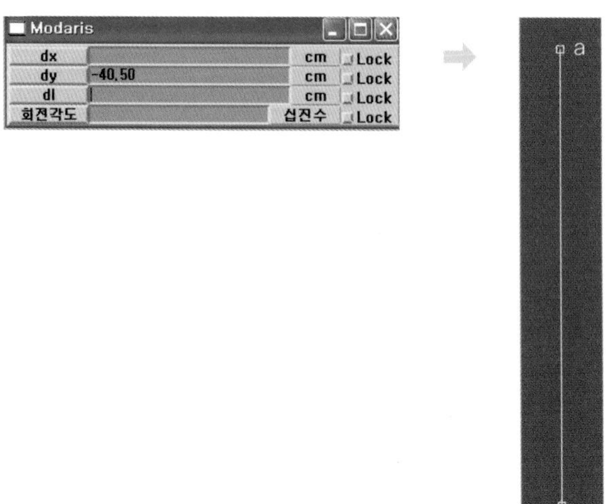

02 >> 진동 깊이

메뉴 [점/선 F1] 에서 [직선/곡선 점추가 ~4] 를 선택한다. → 대화창이 뜨면 방향키(↑ 또는 ↓)로 길이에 B/4(=20.25cm)를 입력한 후 Enter 를 친다.

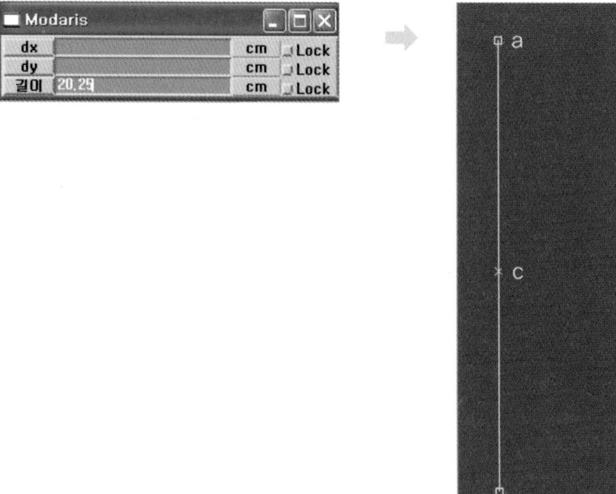

03 >> 앞판폭 그리기

메뉴 점/선 F1 에서 직선 0 을 선택한다. → 대화창이 뜨면 방향키(↑ 또는 ↓)로 dx에 Br/4+2cm(=22.75cm)를 입력한 후 Enter 를 친다.

Modaris			
dx	22.75	cm	Lock
dy	0.00	cm	Lock
dl	20.53	cm	Lock
회전각도		십진수	Lock

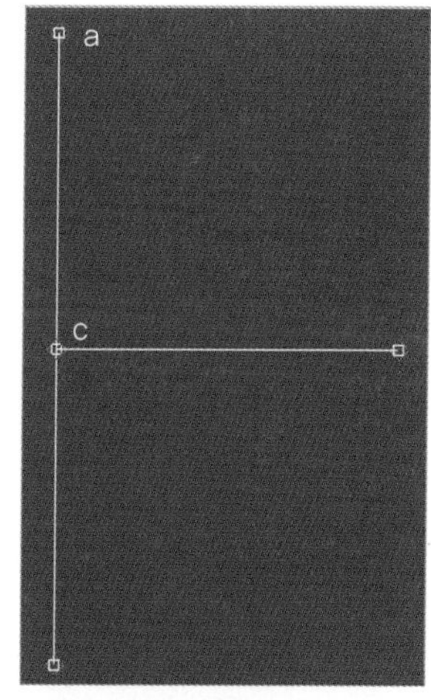

04 >> 허리선 밑부분 그리기

점 b, c 사이를 눈금점 으로 재 준다(눈금점은 삭제하고 작업을 해도 된다).

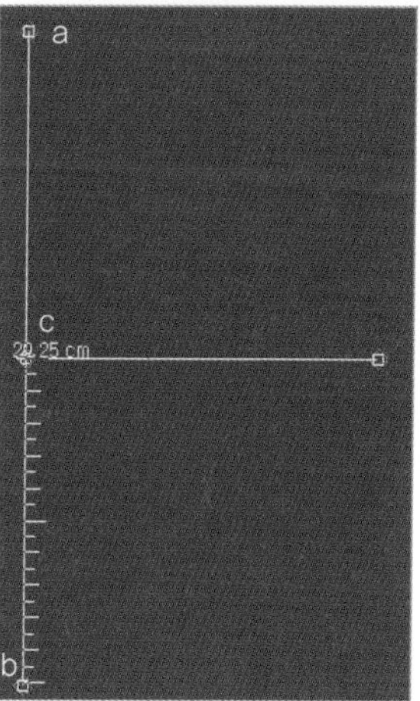

05 >> 메뉴 점/선 F1 에서 평행선 X 을 선택한 후 대화창이 뜨면 방향키(↑또는a↓)로 대화창에 들어가 -20.25cm를 입력한다.

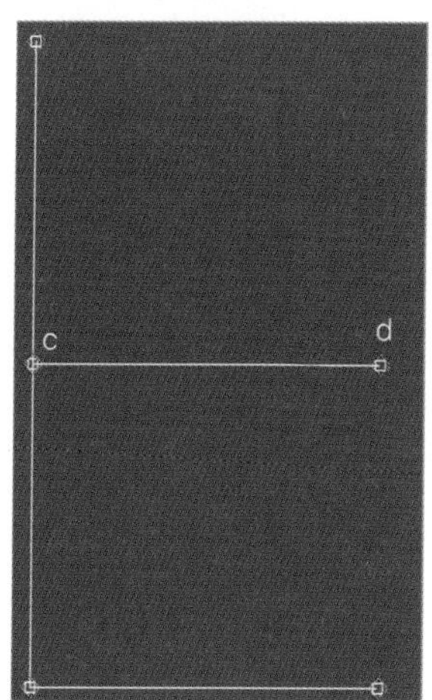

06 >> 메뉴 점/선 F1 에서 직선 0 을 선택한 후 점 d, e를 연결한다.

07 >> 앞품 그리기

메뉴 점/선 F1 에서 직선/곡선 점추가 ~4 를 선택한다. → 대화창이 뜨면 방향키(↑ 또는 ↓)로 길이에 앞품/2 (=16.25cm)을 입력한 후 Enter 를 친다.

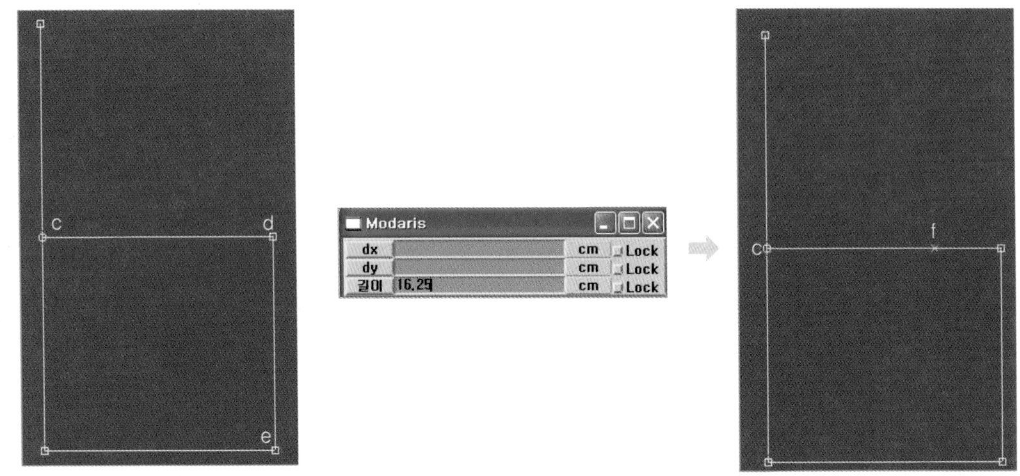

08 >> 메뉴 점/선 F1 에서 직선 0 을 선택한다. → 대화창이 뜨면 방향키(↑ 또는 a ↓)로 dx에 앞품/2 (=16.25cm)을 입력한 후 Enter 를 친다.

09 >> Ctrl 를 누른 상태에서 직각으로 내려 점 f, g를 연결한다.

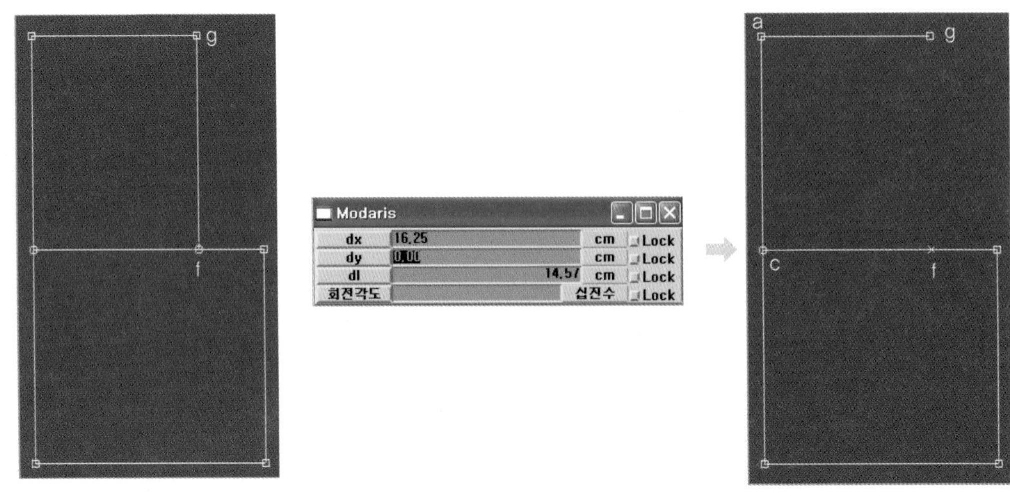

2 완성선 그리기

1 완성선 – 뒤판

❶ 뒷목선 그리기

01 >> 메뉴 [점/선 F1] 에서 [직선/곡선 점추가 ~4] 를 선택한다. → 대화창이 뜨면 방향키(↑ 또는 ↓)로 길이에 7cm를 입력한 후 Enter 를 친다.

Modaris		
dx	cm	Lock
dy	cm	Lock
길이 7	cm	Lock

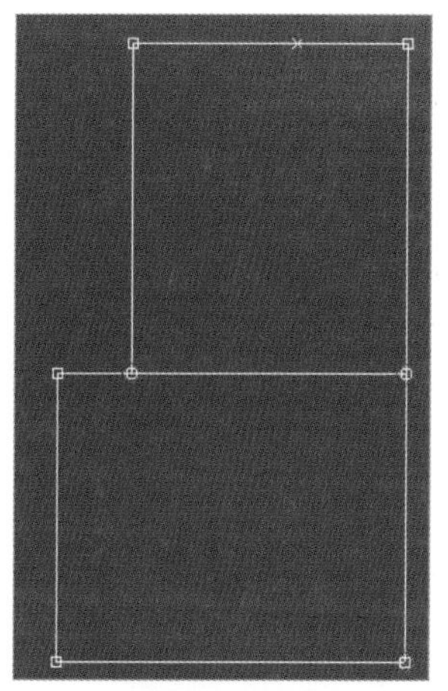

02 >> 메뉴 [점/선 F1] 에서 [직선 0] 을 선택한다. → 대화창이 뜨면 방향키(↑ 또는 ↓)로 dy에 2.5cm를 입력한 후 Enter 를 친다.

Modaris			
dx	0.00	cm	Lock
dy	2.5	cm	Lock
dl	2.12	cm	Lock
회전각도		십진수	Lock

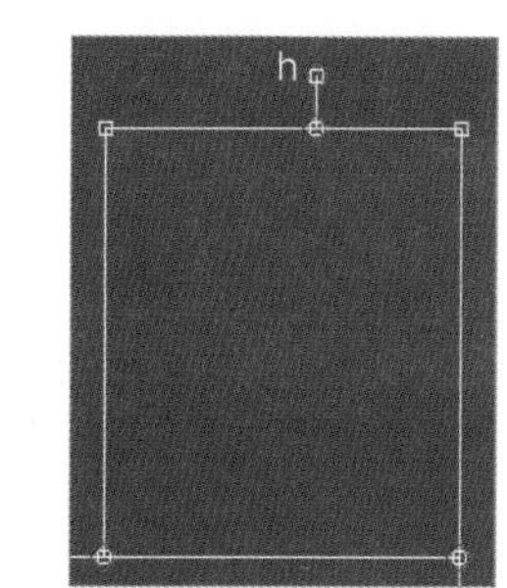

03 >> 뒷목 곡선 그리기

메뉴 [너치/시트회전/도구 F2] 에서 [활원] 을 선택한 후 Shift +W를 누른 상태에서 곡선의 모양을 조절한다. → 메뉴 [수정 F3]에서 [분리 ~6]를 선택한 후 점을 각각 선택한다. → 메뉴 [수정 F3]에서 [점/선 이동 D] 을 선택한 후 수정할 점을 선택하여 이동해 주면서 곡선을 정리한다. → 분리해 주었던 점을 메뉴 [수정 F3] 에서 [연결 ~5] 을 선택하여 연결해 준다.

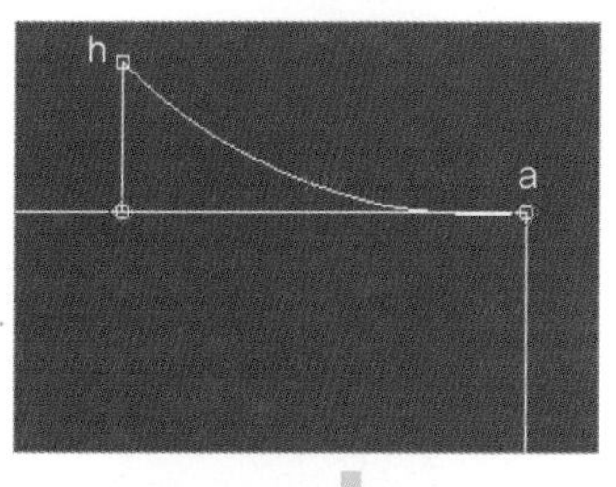

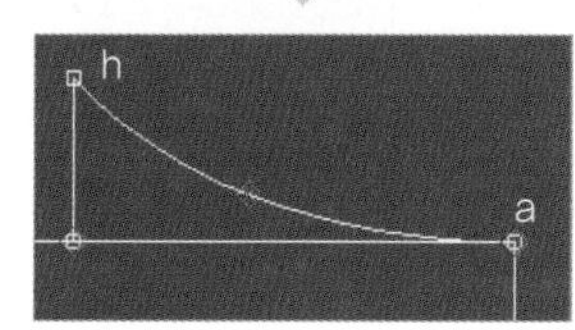

② 뒤어깨 그리기

01 >> 메뉴 수정 F3 에서 연장선 을 선택한 후 점 a에서 어깨너비 / 2 (=18.5cm)만큼 더 가야 할 수치를 입력한다.

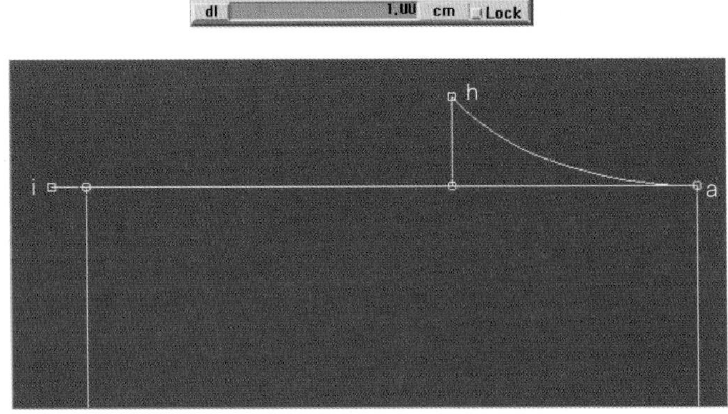

02 >> 어깨 기울기

메뉴 점/선 F1 에서 직선 0 을 선택한다. → 대화창이 뜨면 방향키(↑ 또는 ↓)로 dy에 −1을 입력한 후 Enter 를 친다. → 점 h, i를 연결한다.

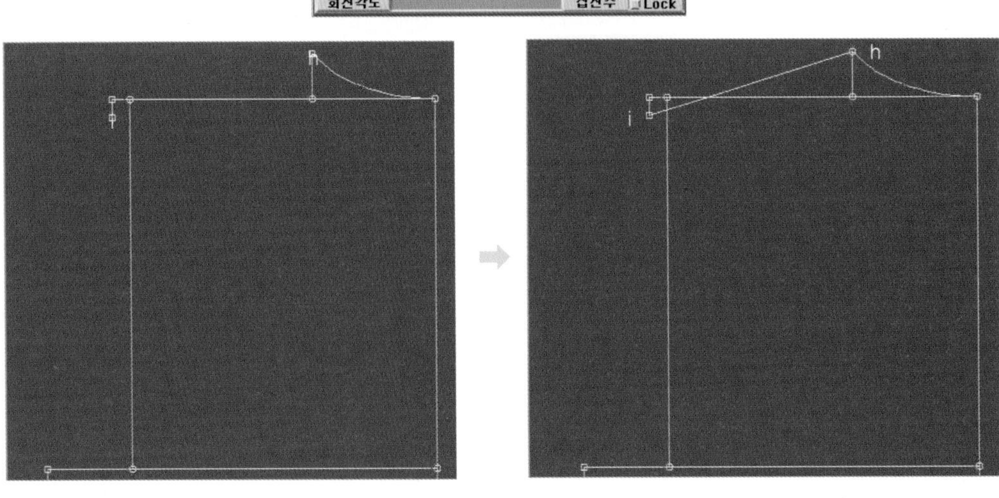

❸ 진동선 그리기

01 >> 메뉴 [점/선 F1] 에서 [직선 0]을 선택한 후 점 d, i를 연결한다. → 메뉴 [점/선 F1] 에서 [직선/곡선 점추가 ~4] 를 선택한 후 Shift 를 누르면서 곡선점을 추가한다.

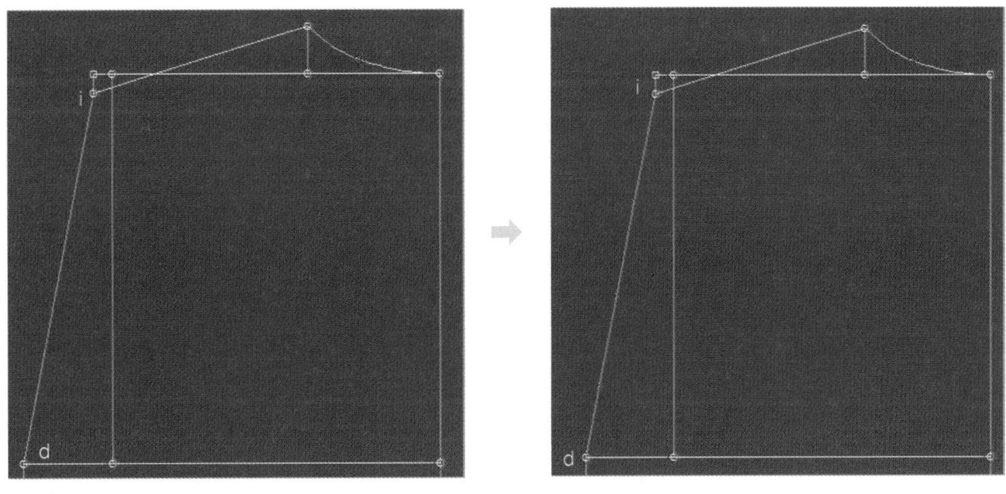

02 >> 곡선 정리

메뉴 [수정 F3]에서 [분리 ~6]를 선택한 후 점 d, i를 선택한다. → 메뉴 [수정 F3]에서 [점/선 이동 0]을 선택한 후 수정할 점을 선택하여 이동해 주면서 곡선을 정리한다. → 분리해 주었던 점을 메뉴 [수정 F3]에서 [연결 ~5] 을 선택하여 연결해 준다.

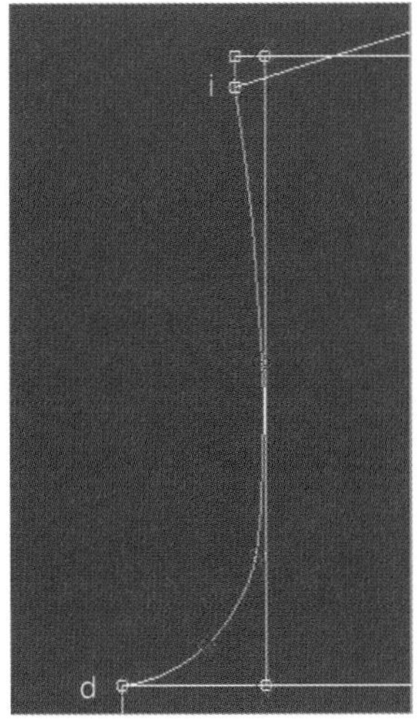

④ 뒤옆선 그리기

메뉴 [점/선 F1] 에서 [직선/곡선 점추가] 를 선택한다. → 대화창이 뜨면 방향 키(↑ 또는 ↓)로 길이에 W/4+다트량(=2.5cm)+여유분(=2cm)을 입력한 후 [Enter] 를 친다. → 메뉴 [점/선 F1] 에서 [직선] 을 선택한 후 점 d, j를 연결한다.

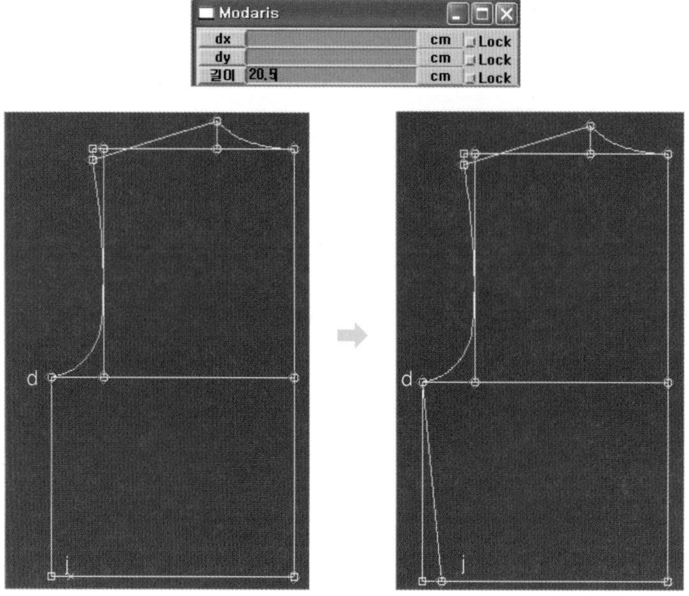

⑤ 허리다트 그리기

01 >> 메뉴 [점/선 F1] 에서 [점등분] 을 선택한 후 점 c, f를 선택한다. → 대화창에 등분할 숫자를 입력한 후 [Enter] 를 친다. → c, f 선상에 이등분점이 나타난다.

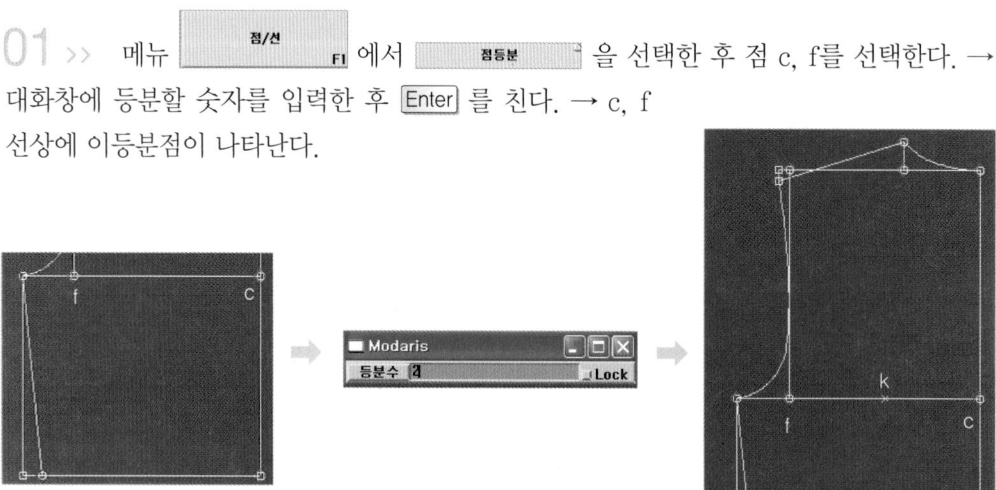

02 >> 메뉴 점/선 F1 에서 직선 0 을 선택한 후 점 k를 선택한 후 Ctrl 을 누르면서 밑단까지 직선을 그려 준다.

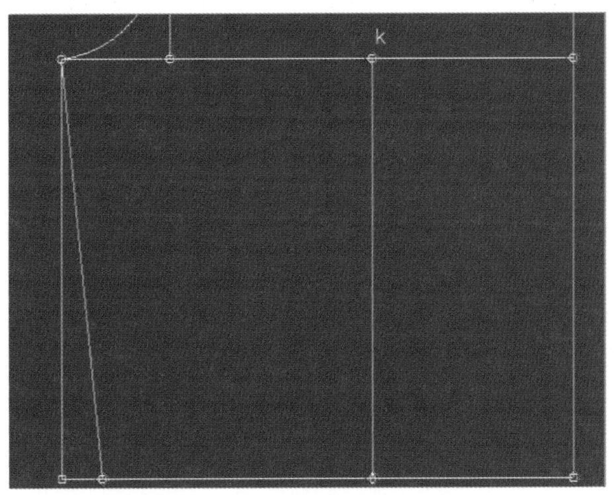

직선 0 을 그릴 때 Ctrl 을 누르면서 그리면 정확한 직선으로 그릴 수 있다.

03 >> 메뉴 점/선 F1 에서 직선/곡선 점추가 ~4 를 선택한다. → 대화창이 뜨면 방향키(↑ 또는 ↓)로 길이에 다트량(=2.5cm) / 2을 입력한 후 Enter 를 친다.

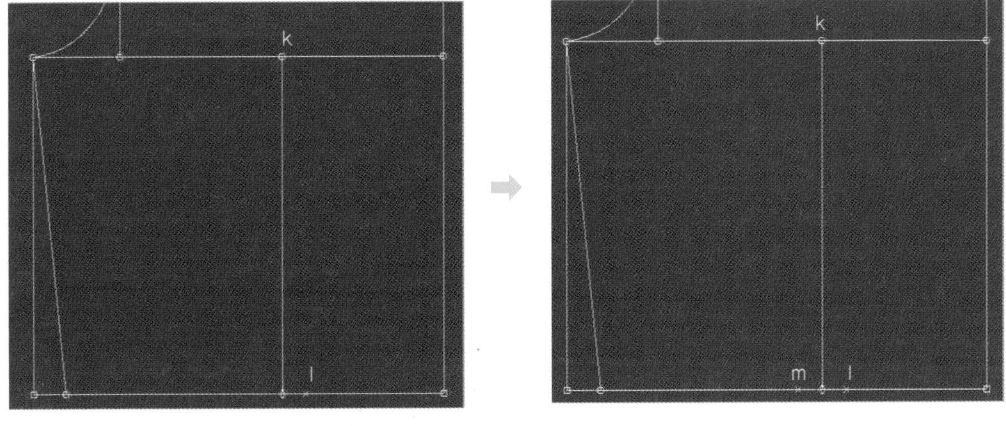

04 >> 메뉴 점/선 F1 에서 직선 0 을 선택한 후 점 k, l과 k, m을 연결한다.

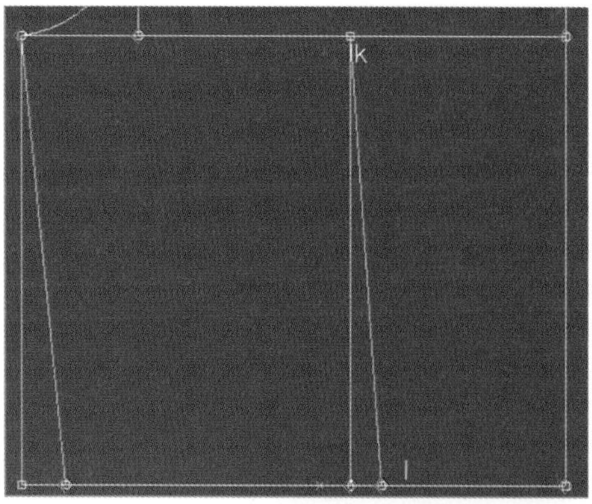
k
l

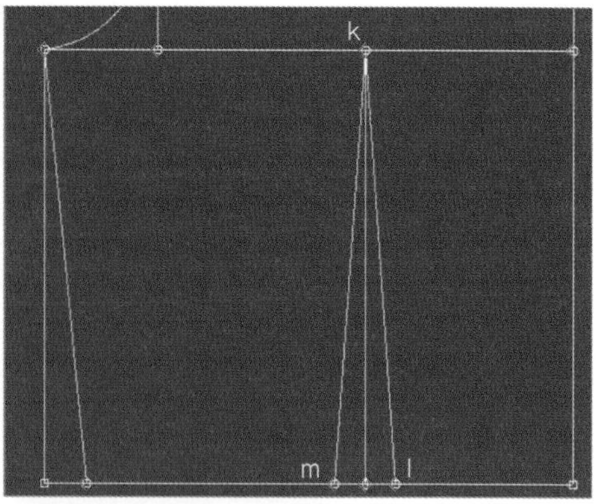
k
m
l

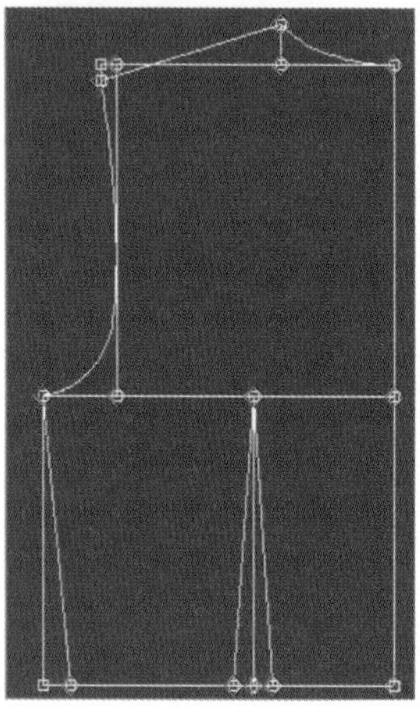

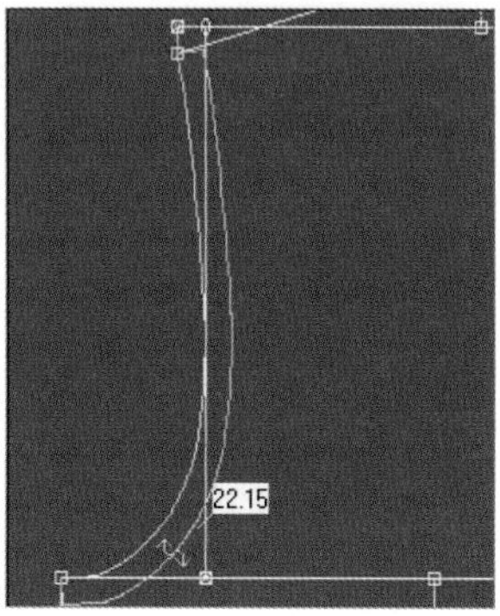
22.15

2 완성선 – 앞판

❶ 앞목 그리기

01 >> 메뉴 점/선 F1 에서 직선/곡선 점추가 를 선택한다. → 대화창이 뜨면 방향키(↑ 또는 ↓)로 길이에 6.7cm(뒷목너비−0.3cm)를 입력한 후 Enter 를 친다.

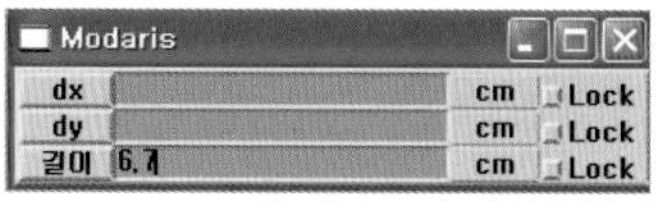
Modaris
dx
cm
Lock
dy
cm
Lock
길이
6.7
cm
Lock

02 >> 메뉴 점/선 F1 에서 직선 을 선택한다. → 대화창이 뜨면 방향키(↑ 또는 ↓)로 길이에 −7cm 뒷목너비를 입력한 후 Enter 를 친다.

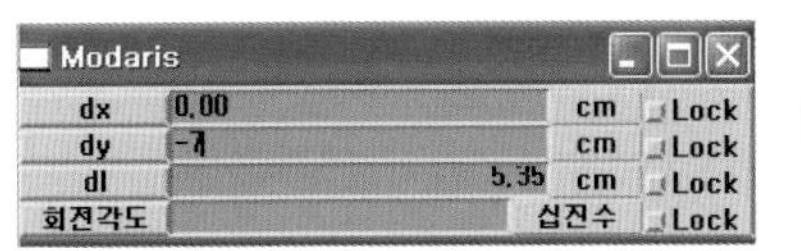

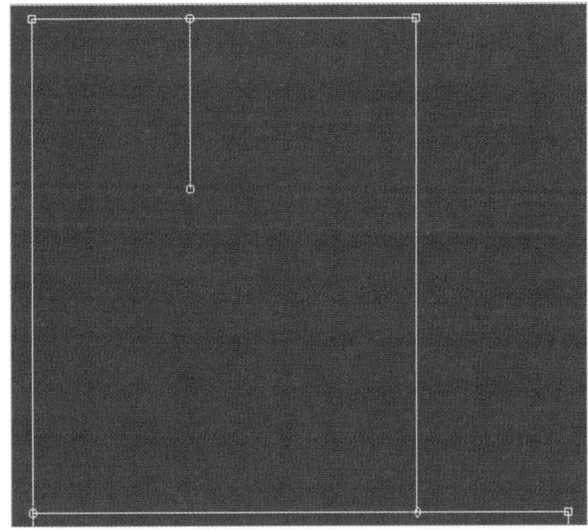

03 >> 점을 선택한 후 Ctrl 을 눌러 주면서 앞목점까지 직선을 그려 준다.

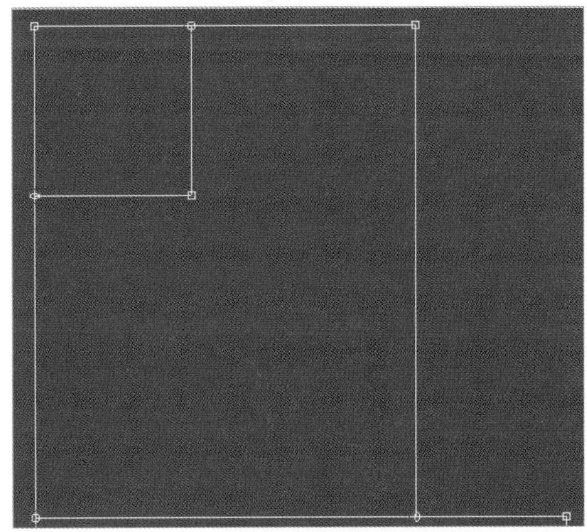

04 >> 메뉴 너치/시트회전/도구 F2 에서 활원 을 선택한다. 곡선의 시작점을 선택한 후 Q, W로 활원의 곡선을 조정한다.

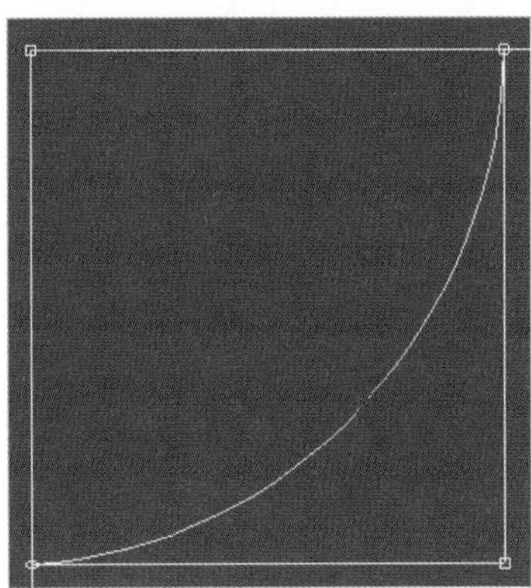

❷ 어깨 그리기

01 ›› 메뉴 점/선 F1 에서 직선 을 선택한다. → 대화창이 뜨면 방향키(↑ 또는 ↓)로 길이에 2.25cm를 입력한 후 Enter 를 친다.

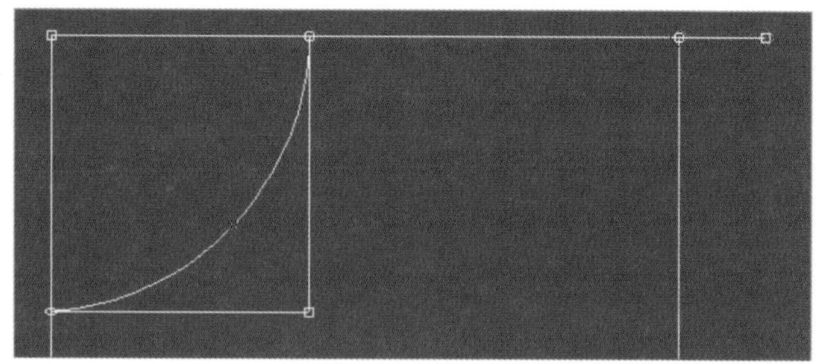

02 ›› 메뉴 점/선 F1 에서 직선 을 선택한다. → 대화창이 뜨면 방향키(↑ 또는 ↓)로 길이에 −4cm를 입력한 후 Enter 를 친다.

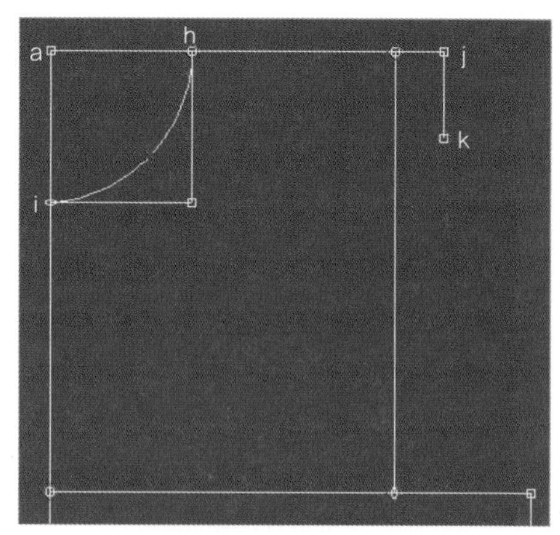

03 ›› 점 h, k를 연결한다.

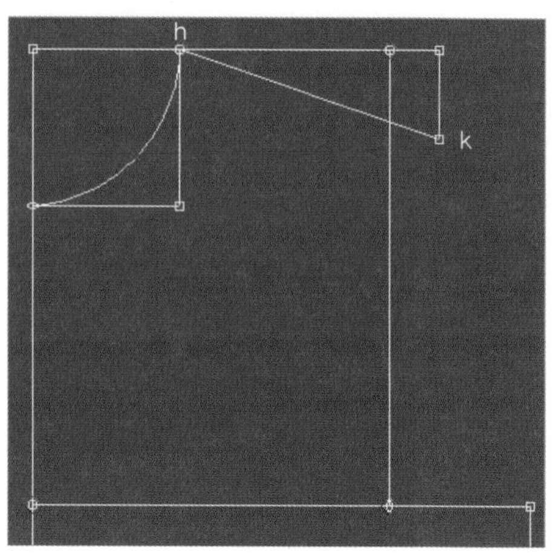

❸ 암홀 그리기

01 >> 메뉴 점/선 F1 에서 직선 0 을 선택한 후 점 k, d를 연결한다.

02 >> 메뉴 점/선 F1 에서 직선/곡선 점추가 ~4 를 선택한다. → Shift 를 누르면서 곡선점을 추가해 준다.

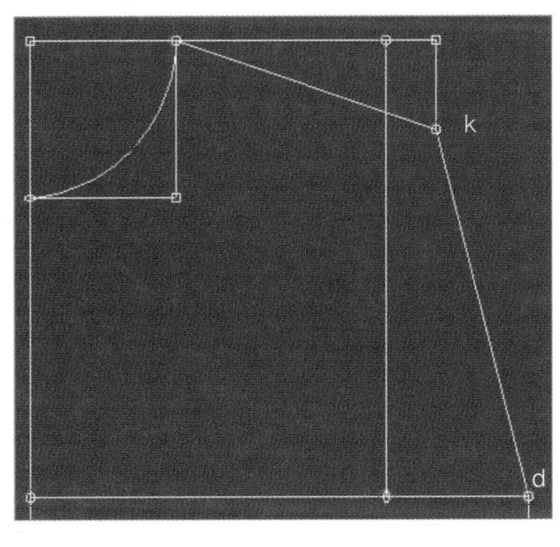

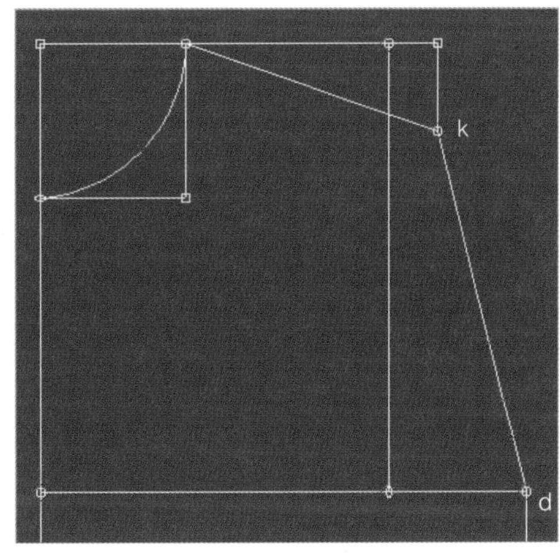

03 >> 암홀 곡선 정리

메뉴 수정 F3 에서 분리 ~6 를 선택한 후 점 k, d를 각각 선택한다. → 메뉴 수정 F3 에서 점/선 이동 D 을 선택한 후 수정할 점을 선택하여 이동해 주면서 곡선을 정리한다. → 분리해 주었던 점을 메뉴 수정 F3 에서 연결 ~5 을 선택하여 연결해 준다.

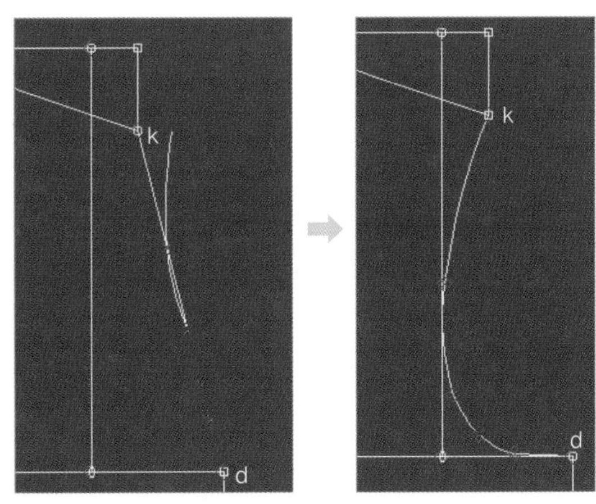

❹ 가슴다트 그리기

01 >> 메뉴 [점/선 F1] 에서 [직선/곡선 점추가] 를 선택한다. → 대화창이 뜨면 방향키(↑ 또는 ↓)로 길이에 유장(=24.5cm) 치수를 입력한 후 Enter 를 친다.

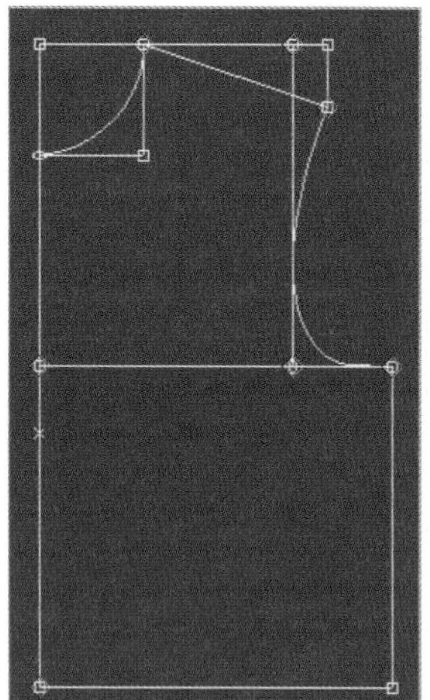

02 >> 메뉴 [점/선 F1] 에서 [직선] 을 선택한다. → 점 l을 선택한 후 Ctrl 을 눌러 주면서 가슴다트 옆선까지 직선을 그려 준다.

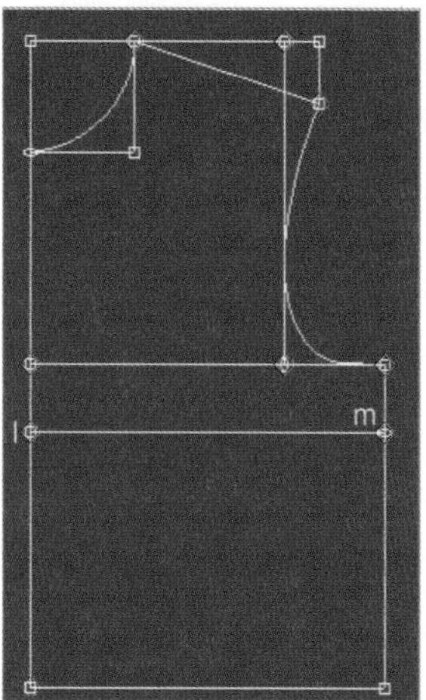

03 >> 메뉴 [점/선 F1] 에서 [직선/곡선 점추가] 를 선택한다. → 대화창이 뜨면 방향키(↑ 또는 ↓)로 길이에 유폭/2(=8.5cm) 치수를 입력한 후 Enter 를 친다.

Modaris
dx cm Lock
dy cm Lock
길이 8.5 cm Lock

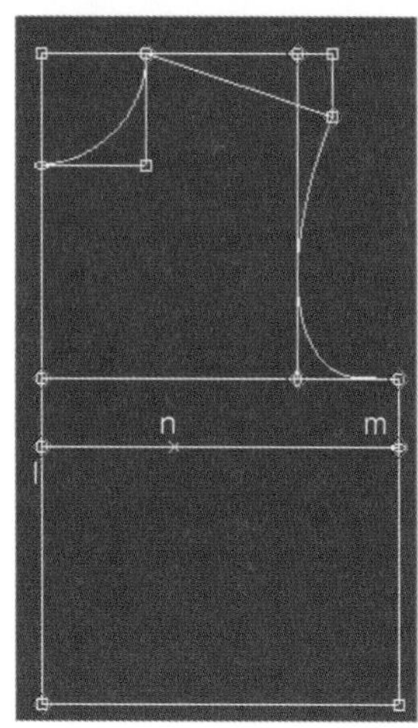

04 >> 점 m을 선택한다. → 메뉴 [점/선 F1] 에서 [직선/곡선 점추가 ~4] 를 선택한다. → 대화창이 뜨면 방향키(↑ 또는 ↓)로 길이에 옆다트량(=2.5cm)을 입력한 후 Enter 를 친다.

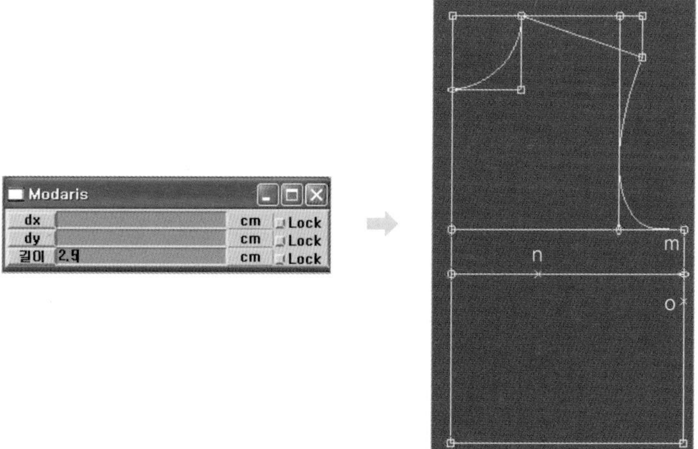

05 >> 점 n을 선택한다. → 메뉴 [점/선 F1] 에서 [직선/곡선 점추가 ~4] 를 선택한다. → 대화창이 뜨면 방향키(↑ 또는 ↓)로 길이에 2cm를 입력한 후 Enter 를 친다.

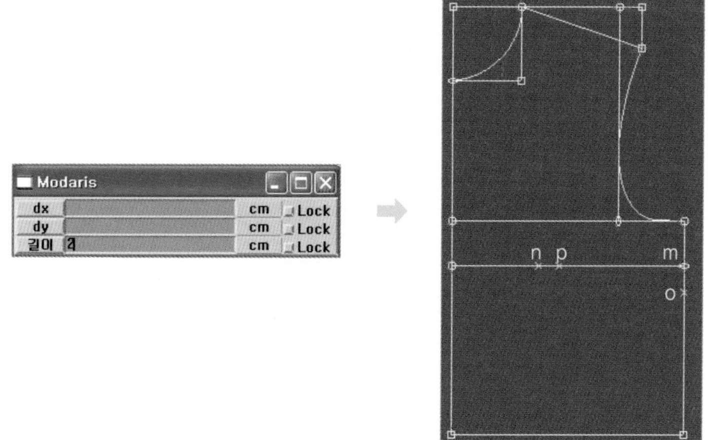

06 >> 메뉴 [점/선 F1] 에서 [직선 0] 을 선택한 후 점 p와 점 o를 연결한다.

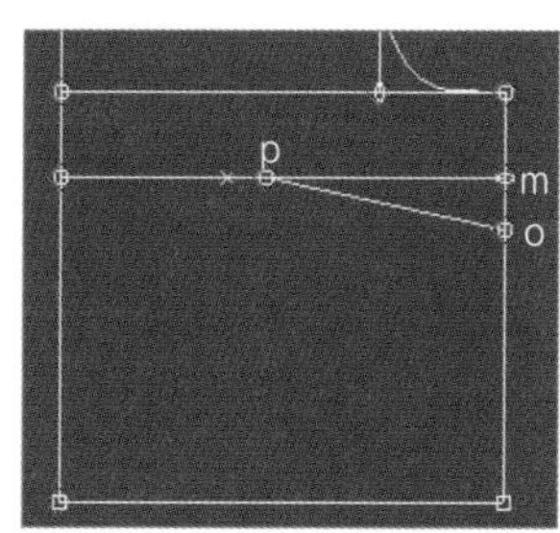

⑤ 옆선 그리기

01 >> 점 b를 선택한다. → 메뉴 [점/선 F1] 에서 [직선/곡선 점추가] 를 선택한다. → 대화창이 뜨면 방향키(↑ 또는 ↓)로 길이에 W/4+다트량(=2.5cm)+여유분(=2cm)의 치수(=20.5cm)를 입력한 후 Enter 를 친다.

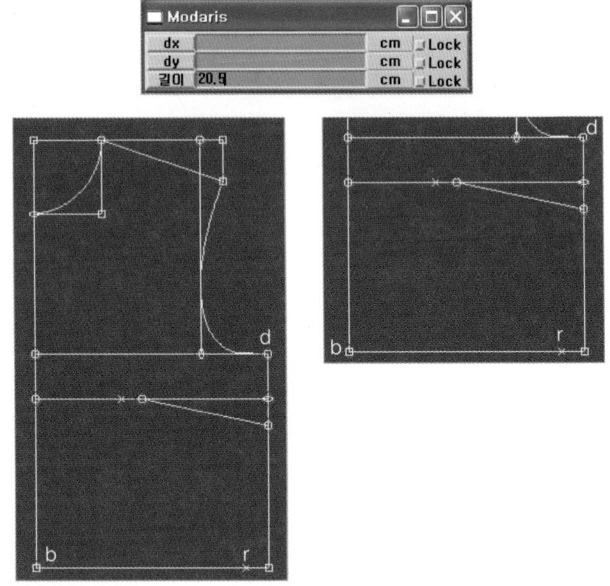

02 >> 메뉴 [점/선 F1] 에서 [직선] 을 선택한 후 점 d와 점 r을 연결한다.

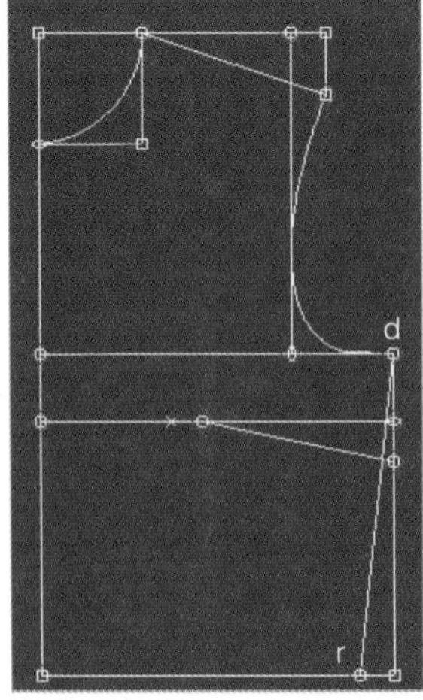

⑥ 허리다트 그리기

01 >> 메뉴 [점/선 F1] 에서 [직선 0] 을 선택한 후 점 n을 선택한 후 Ctrl 을 누르면서 n 밑단까지 직선을 그려 준다.

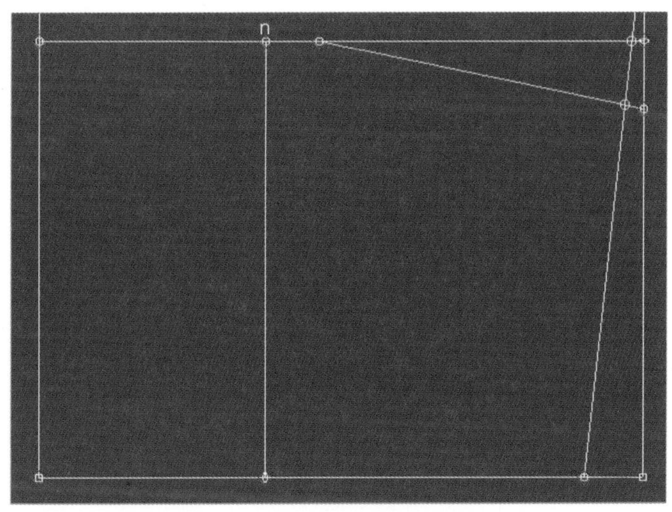

02 >> 메뉴 [점/선 F1] 에서 [직선/곡선 점추가 ~4] 를 선택한다. → 대화창이 뜨면 방향키(↑ 또는 ↓)로 길이에 2cm를 입력한 후 Enter 를 친다.

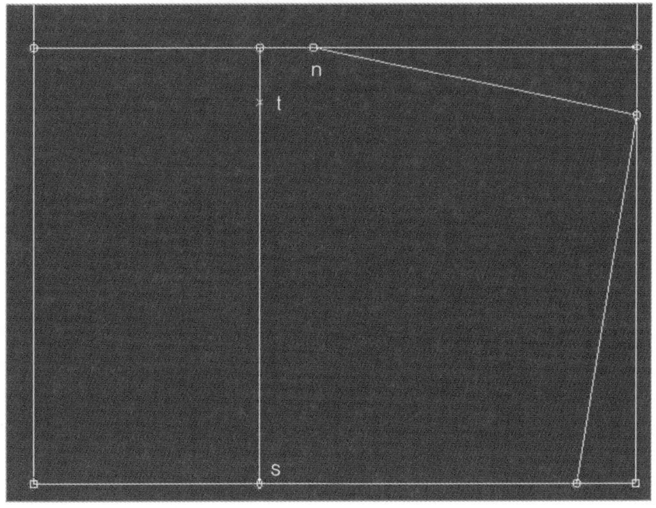

03 >> 점 s를 선택한다. → 메뉴 [점/선 F1] 에서 [직선/곡선 점추가 ~4] 를 선택한다. → 대화창이 뜨면 방향키(↑ 또는 ↓)로 길이에 다트량/2(=1.25cm)을 입력한 후 [Enter] 를 친다.

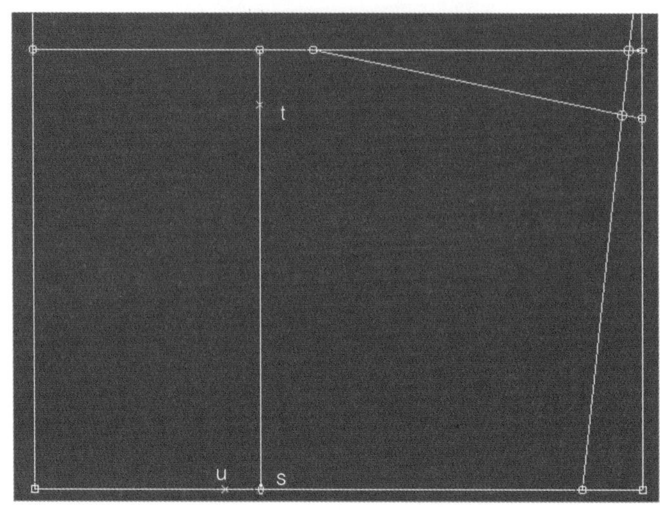

04 >> 점 s를 선택한다. → [점/선 F1] 에서 [직선/곡선 점추가 ~4] 를 선택한다. → 대화창이 뜨면 방향키(↑ 또는 ↓)로 길이에 1.25cm를 입력한 후 [Enter] 를 친다(점 추가할 방향을 정확히 잡아 준다).

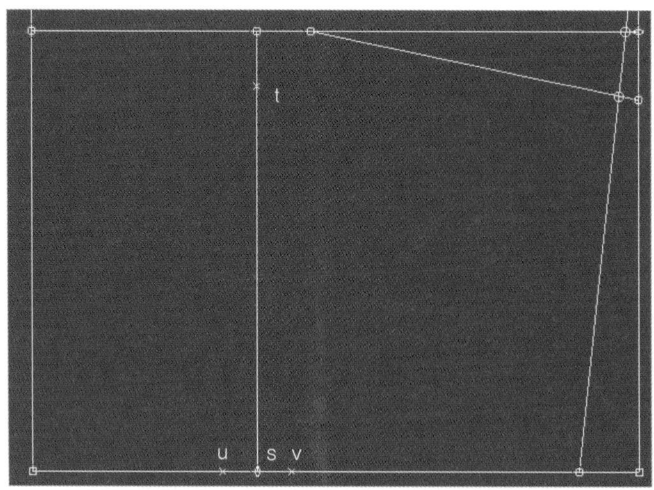

05 >> 메뉴 점/선 F1 에서 직선 0 을 선택한 후 점 t와 u, v를 각각 연결한다.

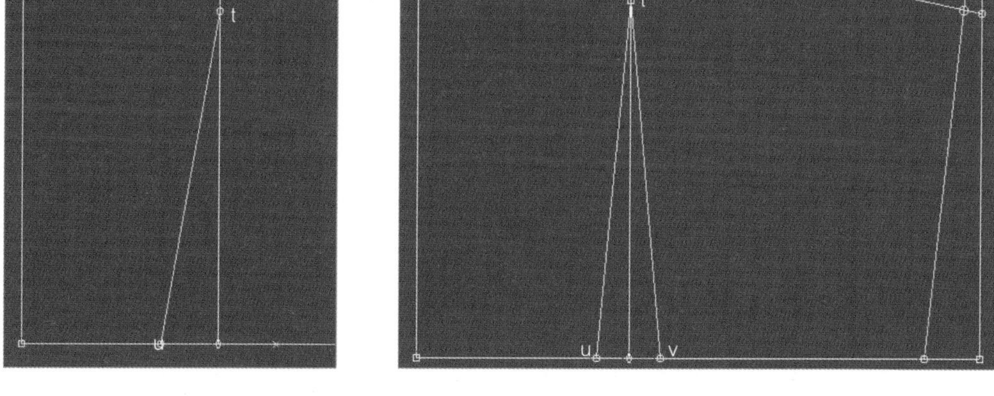

06 >> 완 성

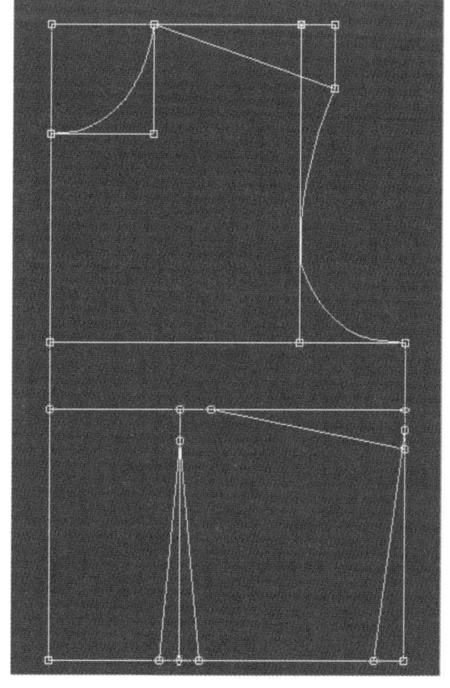

상의 원형 완성

5. 소매 원형 | Basic Sleeve Pattern

필요 치수

단위 : cm

항 목	소매 길이	앞진동둘레	뒤진동둘레	소매통
치 수	59	20.5	22	24

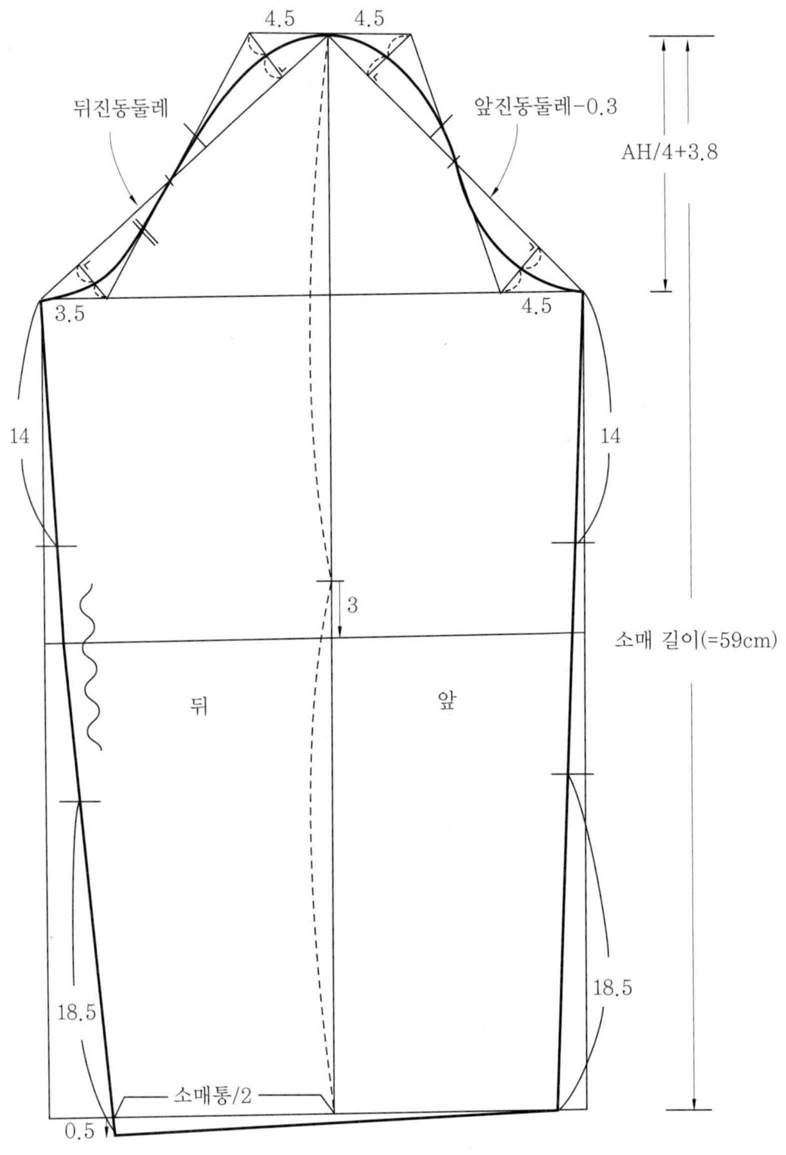

1 기초선 그리기

사용 도구

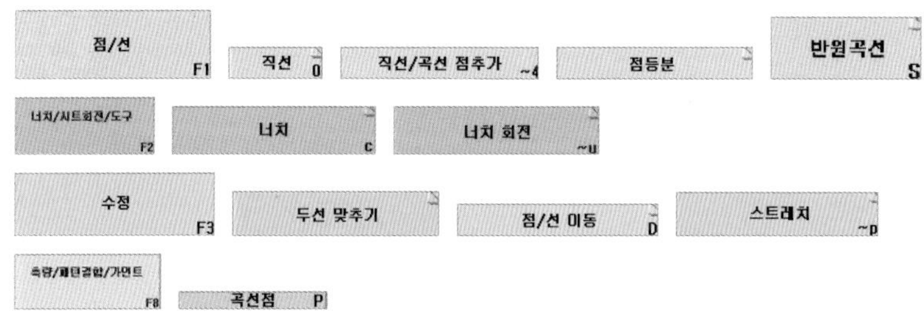

1 소매 길이

메뉴 점/선 F1 에서 직선 0 을 선택한다. → 대화창이 뜨면 방향키(↑ 또는 ↓)로 dy에 소매 길이(=59cm)를 입력한 후 Enter 를 친다.

2 소매산 길이

메뉴 [점/선 F1] 에서 [직선/곡선 점추가] 를 선택한다. → 대화창이 뜨면 방향키(↑ 또는 ↓)로 AH/4+3.8(=14.43cm)을 입력한 후 Enter 를 친다.

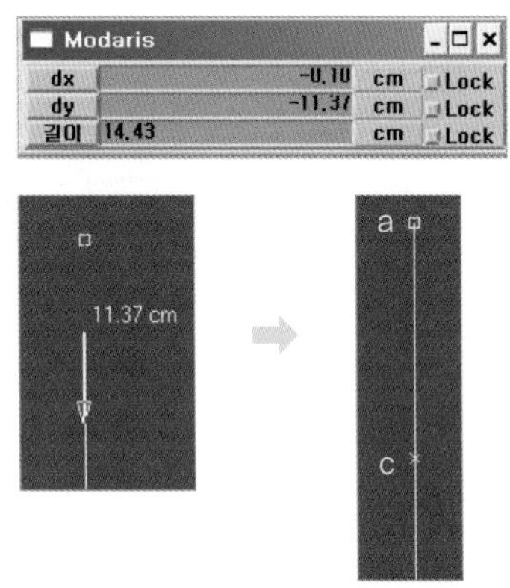

3 팔꿈치 길이

01 >> 메뉴 [점/선 F1] 에서 [점등분] 을 선택한다. → 점 a, b를 선택한다. → 대화창에 등분할 숫자를 입력한 후 Enter 를 친다.

02 >> 메뉴 점/선 F1 에서 직선/곡선 점추가 를 선택한다. → 대화창이 뜨면 방향키(↑ 또는 ↓)로 3cm를 입력한 후 Enter 를 친다.

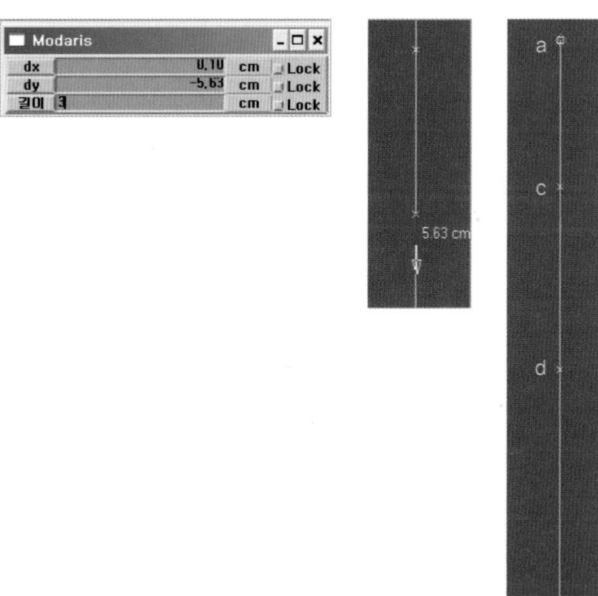

4 기초 직선 그리기

메뉴 점/선 F1 에서 직선 을 선택한다.
→ 점 b, c, d의 좌우를 직각으로 그린다.

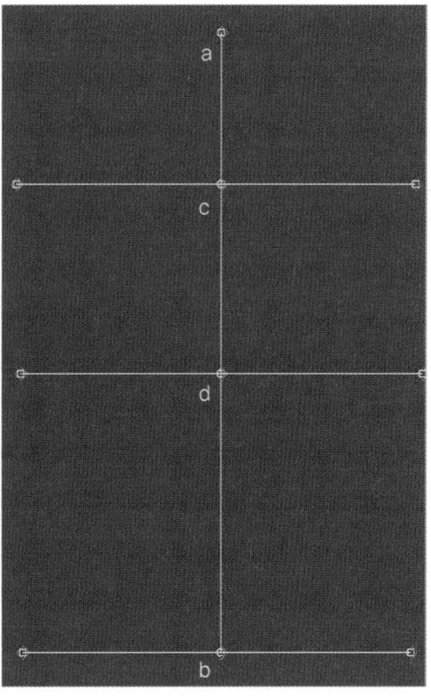

5 뒤진동둘레

01 >> 메뉴 점/선 F1 에서 직선 을 선택한다. → 대화창이 뜨면 방향키(↑ 또는 ↓)로 dx에 뒤진동둘레(=22.15cm)를 입력한 후 Enter 를 친다.

02 >> 메뉴 수정 F3 에서 스트레치 를 선택한다.
→ 점 a와 점 e를 선택하여 선을 이동한다.

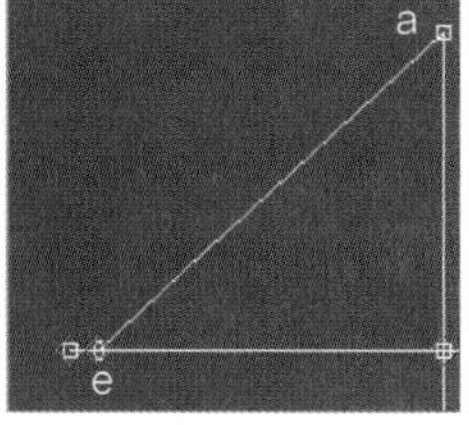

6 앞진동둘레

01 >> 메뉴 점/선 F1 에서 직선 을 선택한다. → 대화창이 뜨면 방향키(↑ 또는 ↓)로 dx에 앞진동둘레−0.3cm(=20.23cm)를 입력한 후 Enter 를 친다.

Modaris
dx 20.23 cm Lock
dy -0.02 cm Lock
dl 16.58 cm Lock
회전각도 십진수 Lock

02 >> 메뉴 수정 F3에서 스트레치 ~p를 선택한 후, 점 a와 점 f를 선택하여 선을 이동한다.

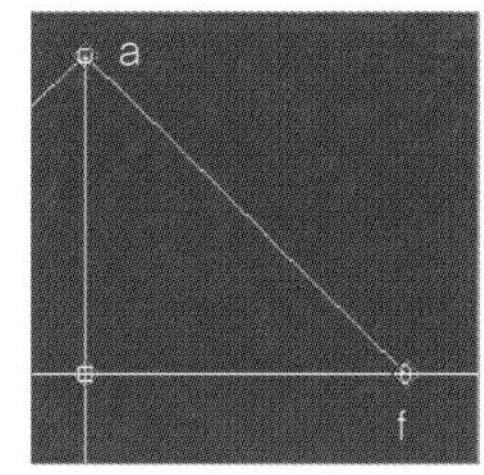

7 소매폭 수직선

메뉴 점/선 F1 에서 직선 0 을 선택한다. → 점 e, f를 선택하여 Ctrl 을 눌러 주면서 소맷부리까지 직각으로 그린다.

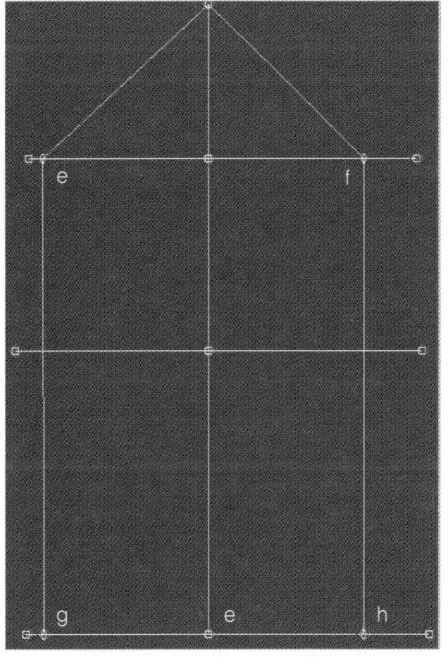

8 소매폭 정리

메뉴 수정 F3에서 두선 맞추기 를 선택한다. → 직선 a선와 b선을 선택하여 선을 정리한다. → 직선 c선와 d선을 선택하여 선을 정리한다. → 직선 e선와 f선을 선택하여 정리한다. → 직선 g선와 h선을 선택하여 선을 정리한다. → 직선 i선와 j선을 선택하여 선을 정리한다. → 직선 k선와 l선을 선택하여 선을 정리한다.

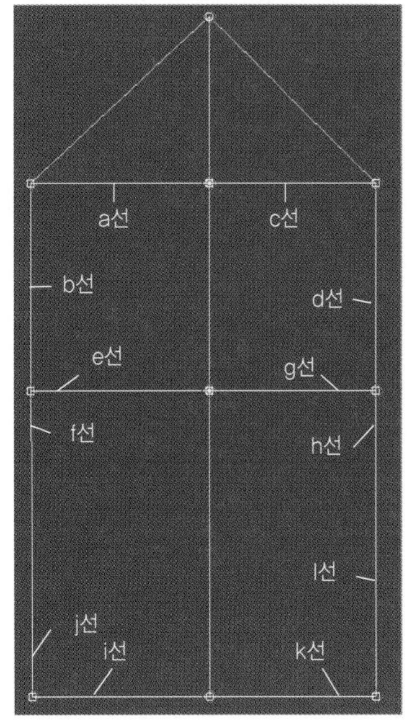

2 완성선 그리기

1 암홀 곡선 기초선

01 >> 메뉴 점/선 F1 에서 직선 을 선택한다. → 대화창이 뜨면 방향키(↑ 또는 ↓)로 dx에 4.5cm를 입력한 후 Enter 를 친다.

02 >> 대화창이 뜨면 방향키(↑ 또는 ↓)로 dx에 −4.5cm를 입력한 후 Enter 를 친다.

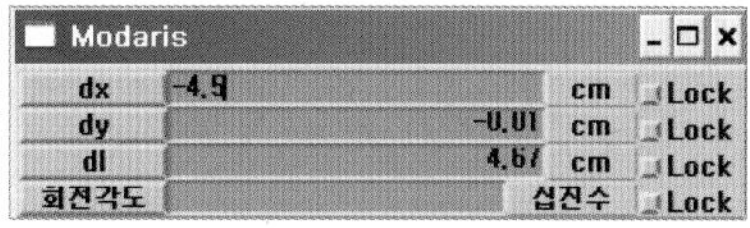

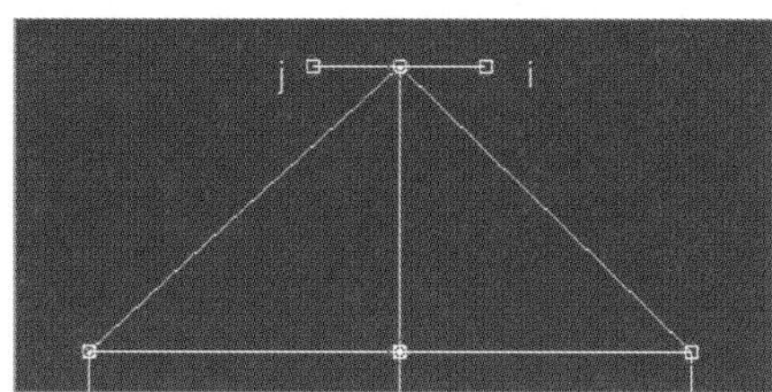

03 >> 메뉴 점/선 F1 에서 직선/곡선 점추가 를 선택한다. → 대화창이 뜨면 방향키(↑ 또는 ↓)로 4.5cm를 입력한 후 Enter 를 친다.

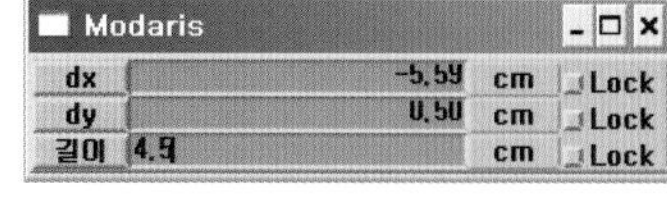

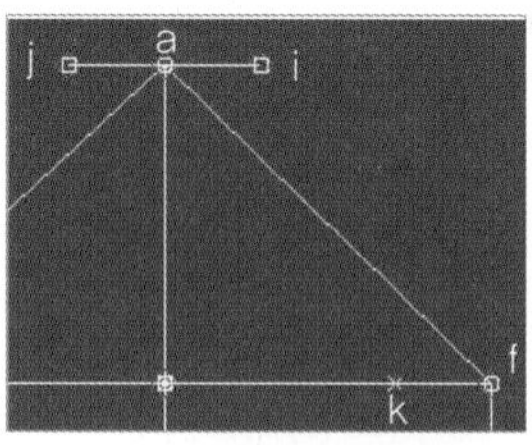

04 >> 대화창이 뜨면 방향키(↑ 또는 ↓)로 3.5cm를 입력한 후 Enter 를 친다.

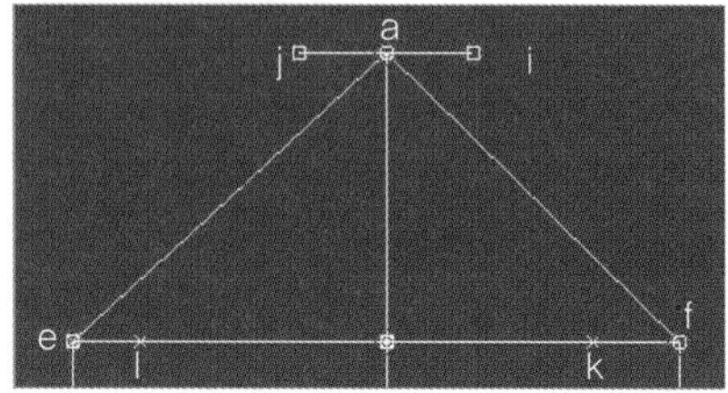

05 >> 메뉴 [점/선 F1] 에서 [직선 0] 을 선택한 후 점 i와 점 k, 점 j와 점 l을 연결한다.

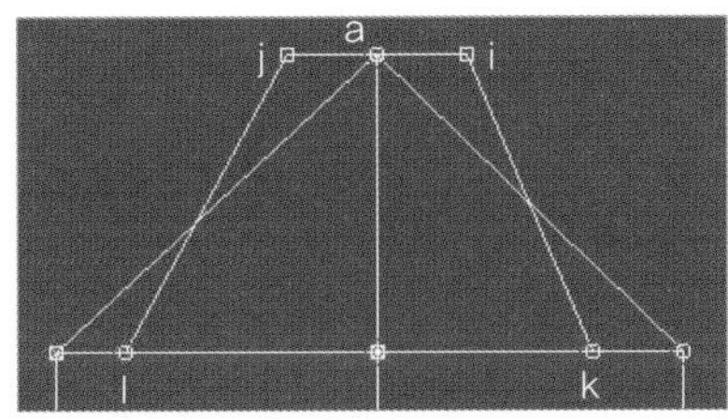

06 >> 점 i, 점 j를 직각으로 선상에 연결한다.

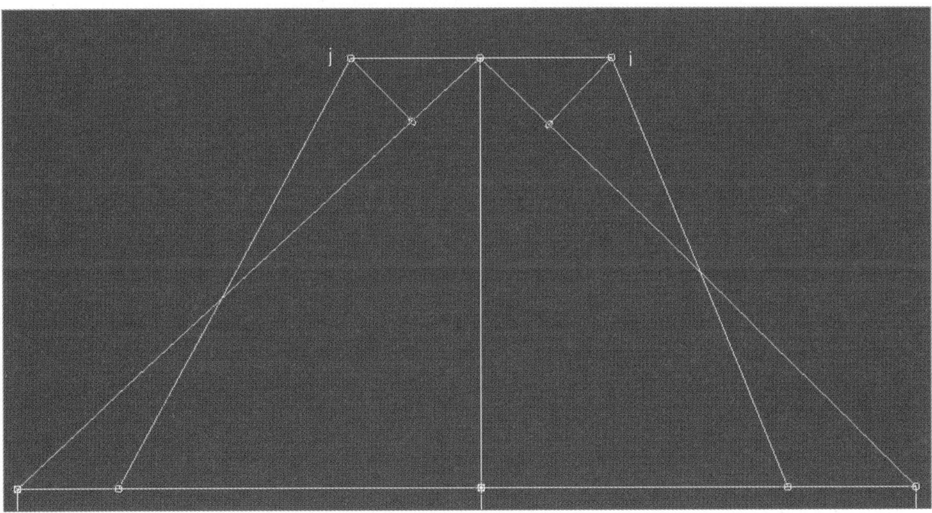

07 >> 점 k, 점 l을 직각으로 선상에 연결한다.

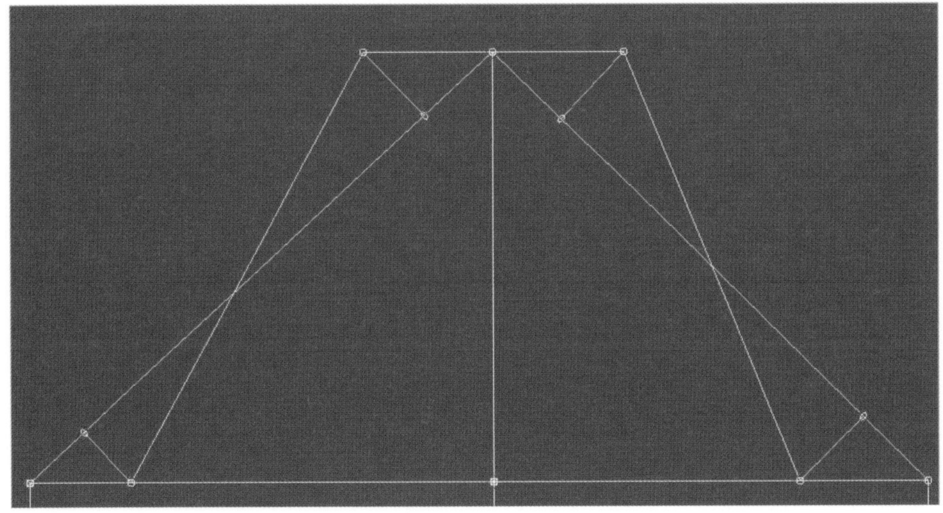

08 >> 메뉴 [점/선 F1] 에서 [점등분] 을 선택한 후 직각선의 점 j, m을 선택한다. → 대화창에 등분할 숫자를 입력한 후 Enter 를 친다. 같은 방법으로 다른 3군데도 이등분한다.

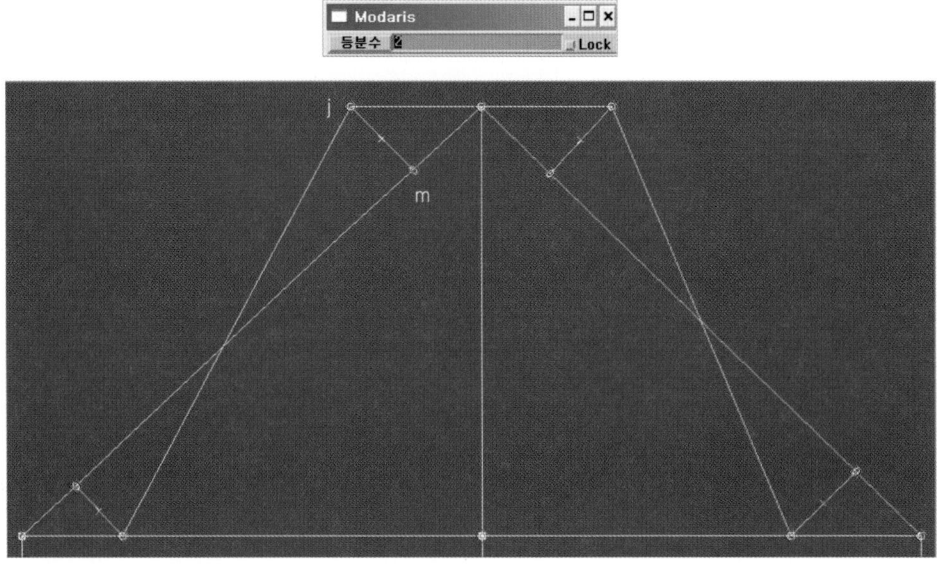

2 암홀 곡선 그리기

01 >> 뒤암홀 곡선 그리기

메뉴 [점/선 F1] 에서 [반원곡선 S] 을 선택한다. → Shift 를 누른 상태로 곡선을 그려준다.

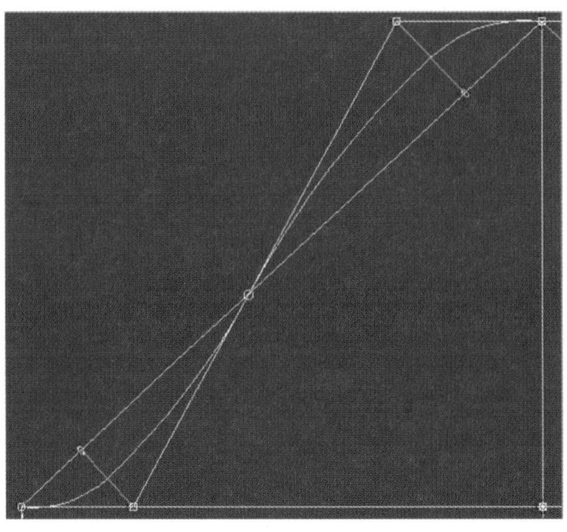

02 >> 앞암홀 곡선 그리기

메뉴 점/선 F1 에서 반원곡선 S 을 선택한다. → Shift 를 누른 상태로 곡선을 그려준다.

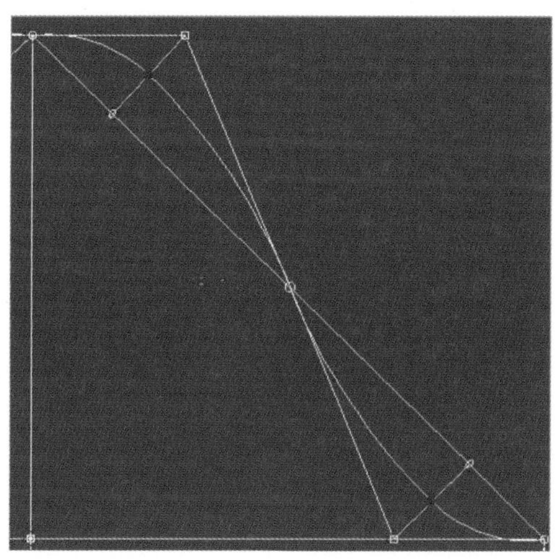

03 >> 곡선 수정하기

메뉴에서 곡선점 P 을 선택한다. → 메뉴 수정 F3 에서 점/선 이동 D 을 선택한 후 수정할 점을 선택하여 이동하면서 곡선을 정리한다.

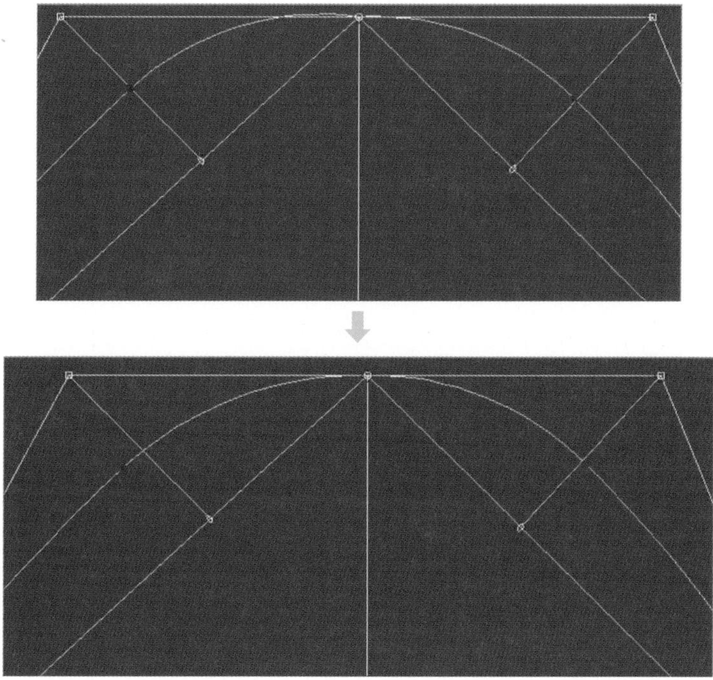

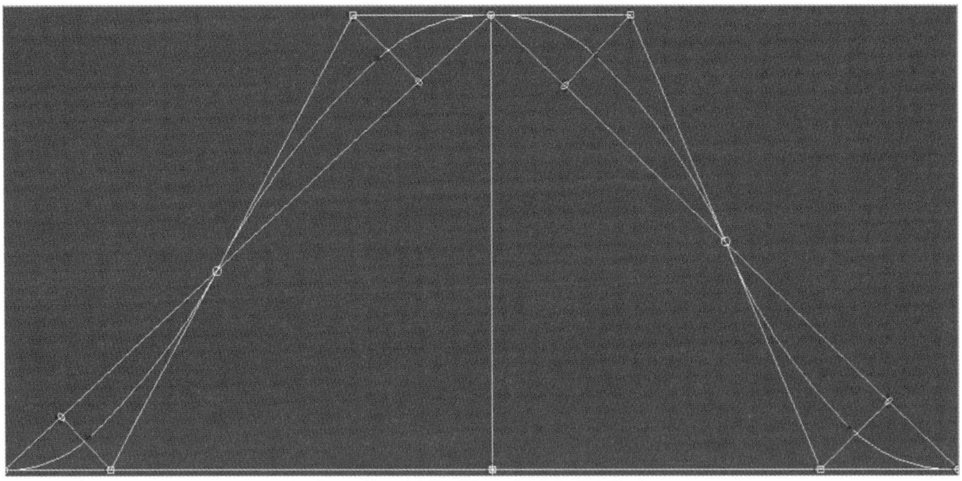

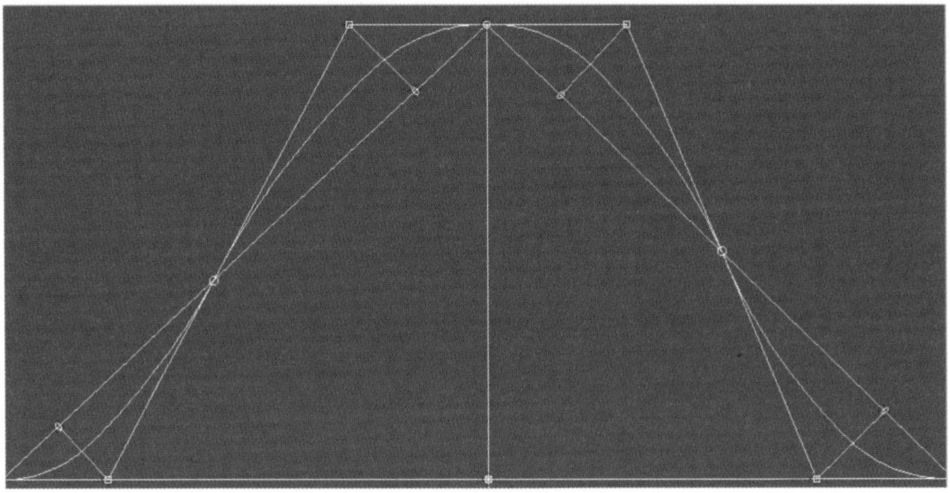

3 소맷부리 정하기

메뉴 [점/선 F1] 에서 [직선/곡선 점추가] 를 선택한 후 대화창이 뜨면 방향키(↑ 또는 ↓)로 길이에 소매통/2(=12cm)을 입력한 후 Enter 를 친다.

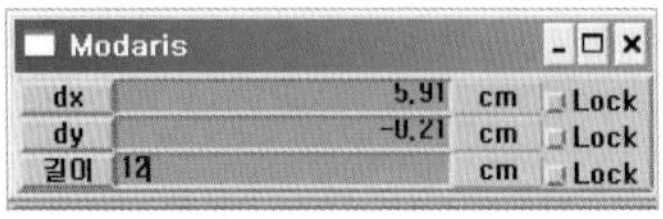

Modaris

dx	5.91	cm	Lock
dy	-0.21	cm	Lock
길이	12	cm	Lock

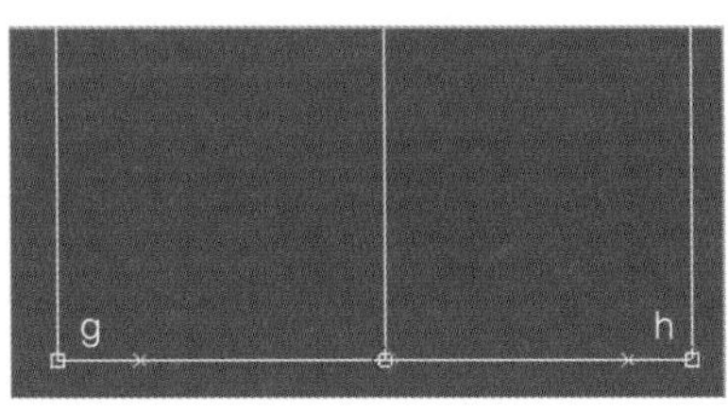

4 소매 옆선 그리기

01 >> 메뉴 점/선 F1 에서 직선 을 선택한 후 대화창이 뜨면 방향키(↑ 또는 ↓)로 dy에 -0.5cm를 입력한 후 Enter 를 친다.

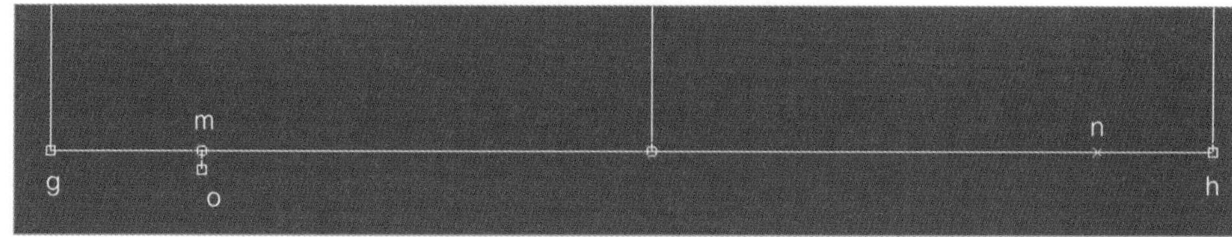

02 >> 점 e와 o, 점 f, n을 연결한다.

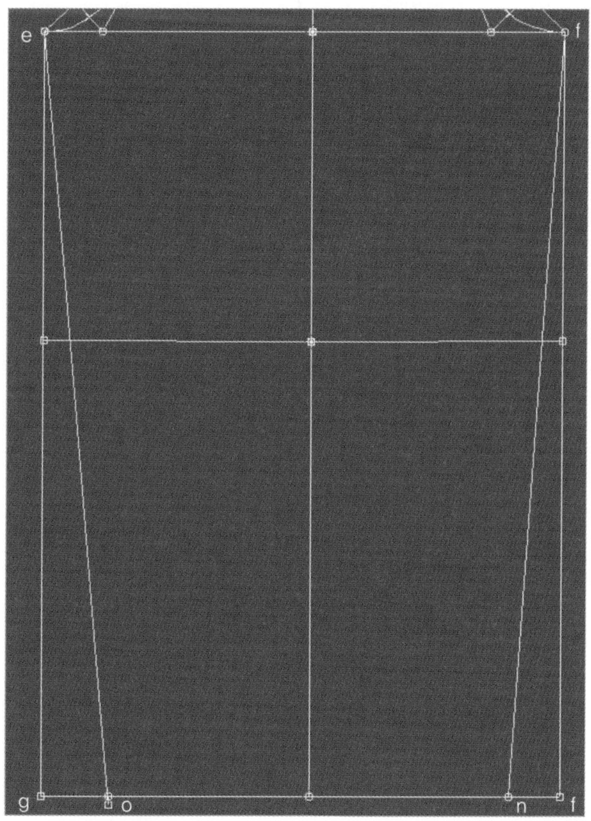

03 >> 점 o와 점 n을 연결한다.

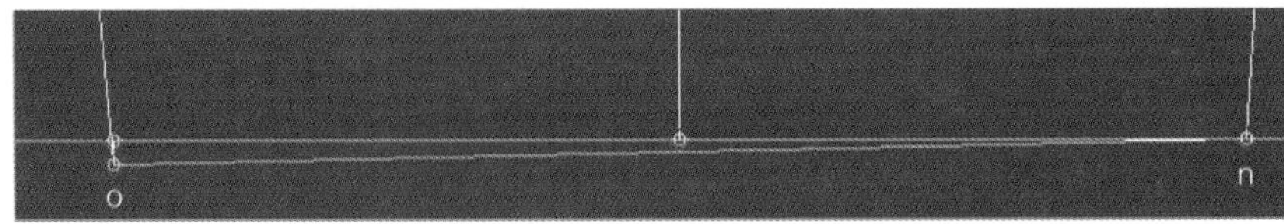

5 너치 표시

01 >> 메뉴 [점/선 F1] 에서 [직선/곡선 점추가] 를 선택한 후 대화창이 뜨면 방향키(↑ 또는 ↓)로 길이에 14cm를 입력한 후 Enter 를 친다.

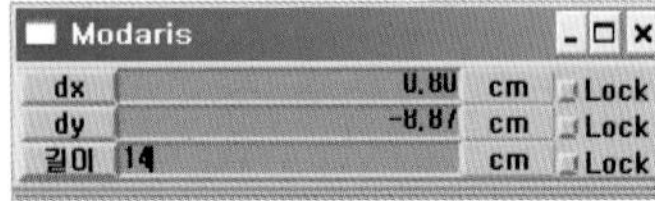

02 >> 대화창이 뜨면 방향키(↑ 또는 ↓)로 길이에 18.5cm를 입력한 후 Enter 를 친다.

Modaris
dx -1.42 cm Lock
dy 14.40 cm Lock
길이 18.5 cm Lock

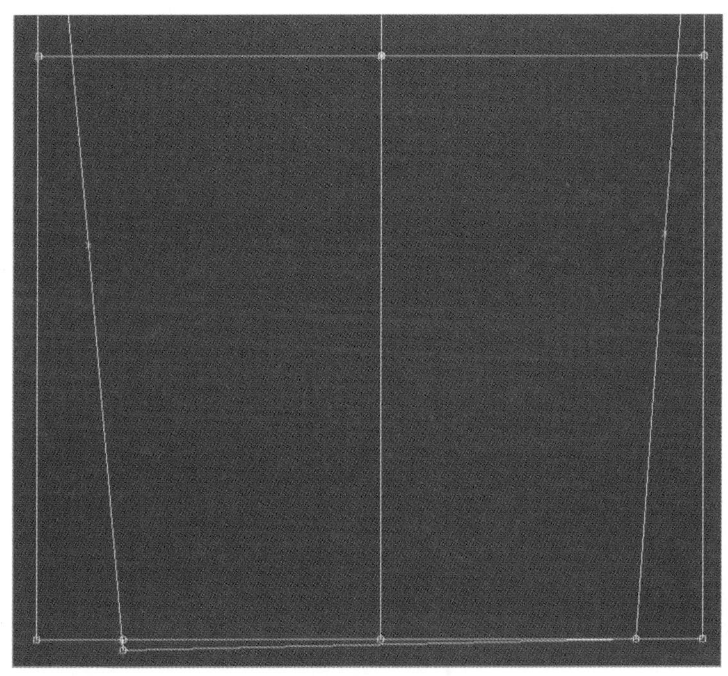

03 >> 메뉴 [너치/시트회전/도구 F2] 에서 [너치 C] 를 선택한 후 대화창이 뜨면 방향키(↑ 또는 ↓)로 길이에 14cm를 입력하고 Enter 를 친다.

04 >> 메뉴 [너치/시트회전/도구 F2] 에서 [너치 회전 ~U] 을 선택한다.

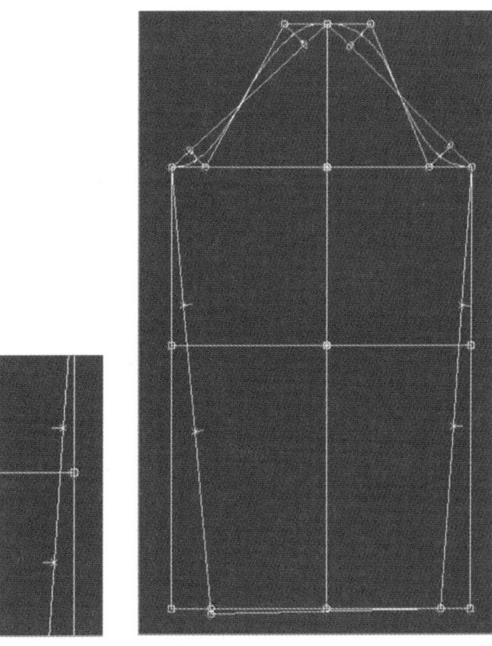

6 소매암홀 곡선 재기

메뉴 측량/패턴결합/가먼트 F8 에서 화면 전시 길이 측정 으로 재 준다.

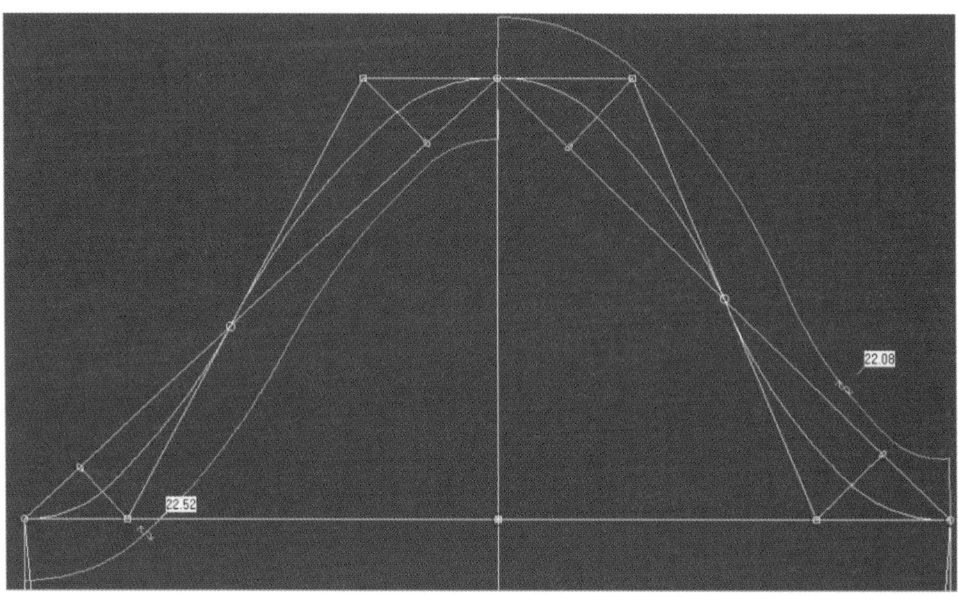

7 완 성

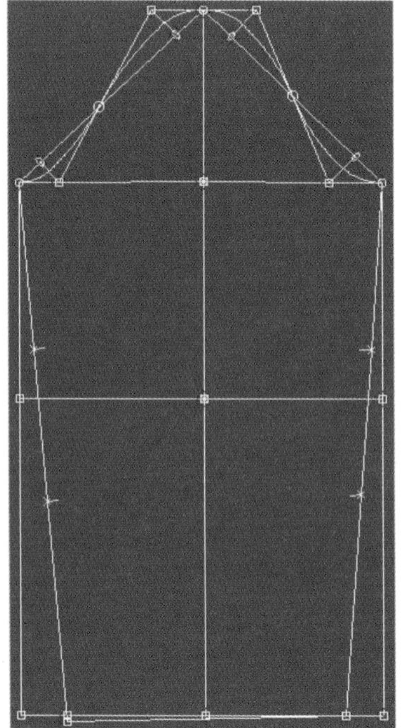

6. 테일러드재킷 원형 | Tailored Jacket Pattern

필요 치수

단위 : cm

항 목	가슴둘레	젖가슴둘레	허리둘레	엉덩이둘레	겨드랑이앞벽 사이길이 (舊 앞품)	겨드랑이뒤벽 사이길이 (舊 뒤품)	목옆젖꼭지 허리둘레선길이 (舊 앞길이)
치 수	83	81	64	90	32.5	35	40.5
항 목	목옆젖꼭지 길이 (舊 유장)	젖꼭지사이 수평길이 (舊 유폭)	등길이	어깨사이길이 (舊 어깨너비)	엉덩이옆길이 (舊 엉덩이길이)	재킷 길이	
치 수	24.5	17	38	37	18	65	

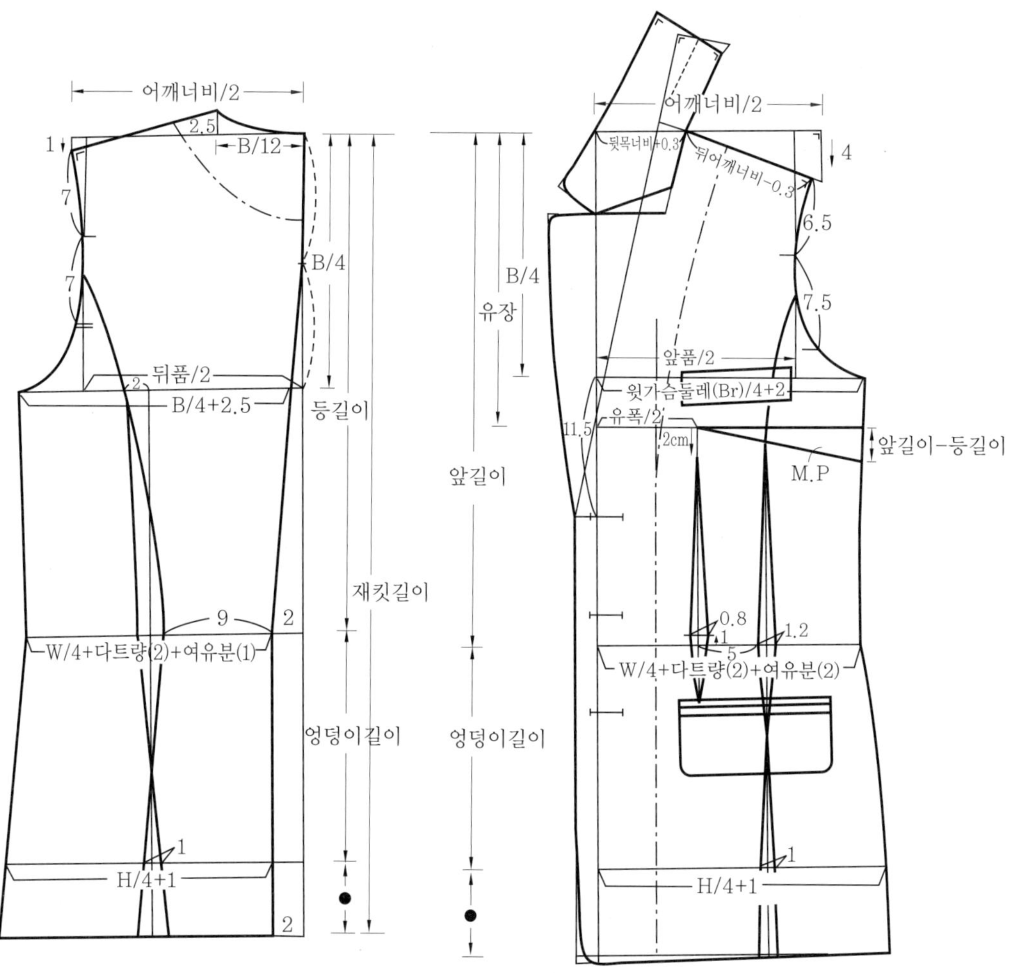

1 뒤판 제도

사용 도구

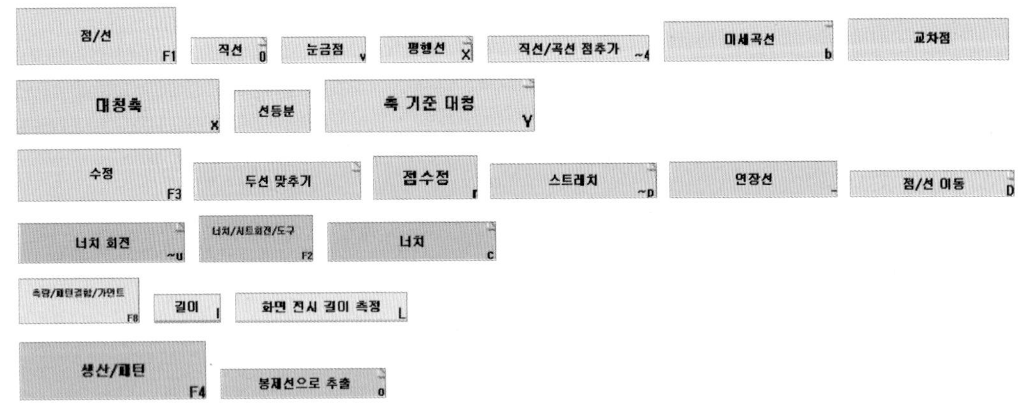

1 재킷 길이

메뉴 점/선 F1 에서 직선 0 을 선택한 후 대화창이 뜨면 방향키(↑ 또는 ↓)로 dy에 재킷길이(=65cm)를 입력한 후 Enter 를 친다.

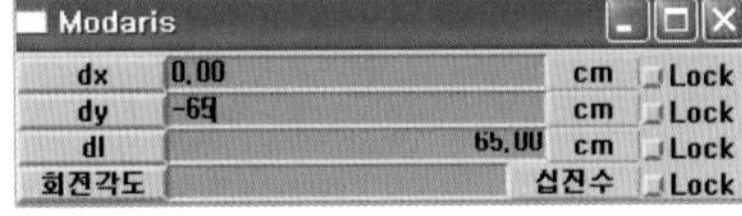

2 등길이, 엉덩이길이, 진동깊이(B/4) 위치 표시

01 >> 메뉴 [점/선 F1] 에서 [눈금점] 을 선택한 후 대화창이 뜨면 방향키(↑ 또는 ↓)로 길이에 각각 등길이(=38cm), 엉덩이길이(=18cm), 진동깊이(B/4)를 입력한 후 [Enter] 를 친다.

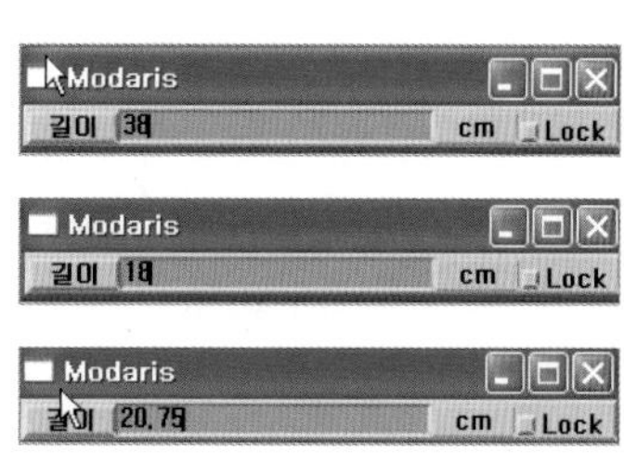

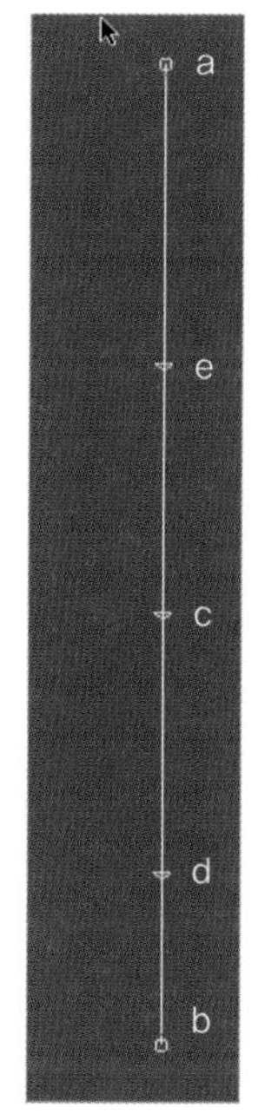

02 >> 등길이, 엉덩이길이, 진동깊이(B/4) 위치에 임의의 직각선 그리기

메뉴 [점/선 F1] 에서 [직선] 을 선택한 후 대화창이 뜨면 방향키(↑ 또는 ↓)로 dx에 25cm를 입력하고 [Enter] 를 친다.

그리고 메뉴 [점/선 F1] 에서 [평행선] 을 선택한 후 등길이(c), 엉덩이길이(d), 진동깊이(e)에 맞춰 평행선을 그린다.

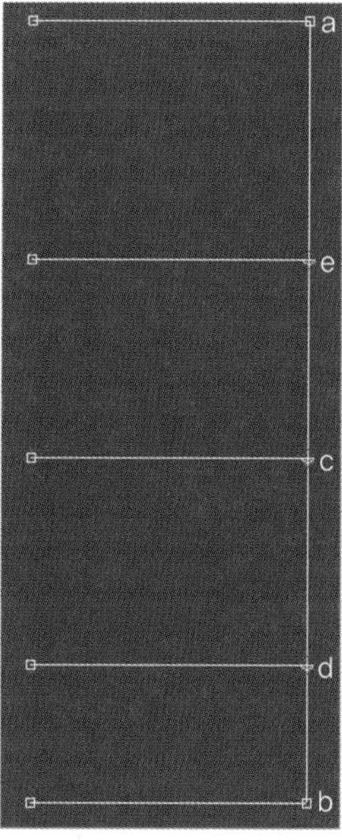

3 뒤중심선 그리기

01 >> 메뉴 점/선 F1 에서 눈금점 V 을 선택한 후 대화창이 뜨면 방향키(↑ 또는 ↓)로 길이에 2cm를 입력한 후 Enter 를 친다. 대화창이 뜨면 방향키(↑ 또는 ↓)로 길이에 진동깊이/2 (=10.375cm)의 치수를 입력한 후 Enter 를 친다.

02 >> 메뉴 점/선 F1 에서 직선 0 선택한 후, 점 f와 h를 수직 연결하고 점 f와 g를 연결한다.

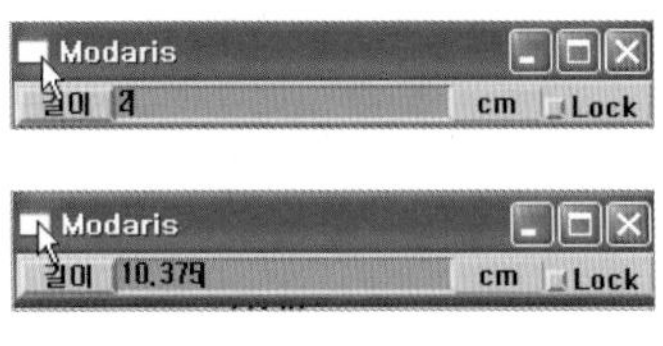

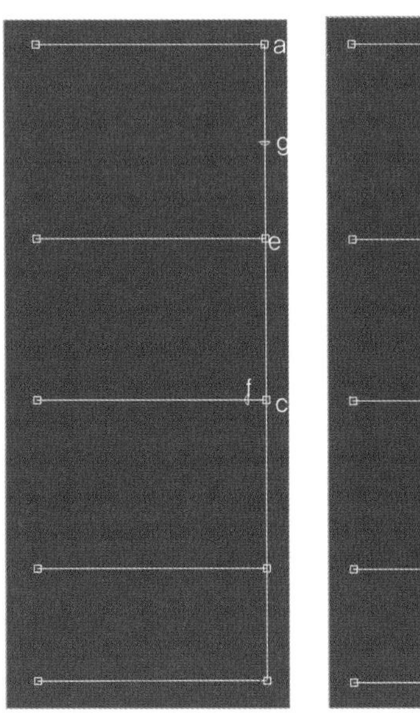

4 가슴선 그리기

메뉴 수정 F3 에서 두선 맞추기 를 선택한 후 가슴선을 뒤중심선으로 두 선을 맞춘다. → 메뉴 점/선 F1 에서 눈금점 V 을 선택한 후 대화창이 뜨면 방향키(↑ 또는 ↓)로 길이에 B/4+2.5cm (=23.25cm)의 지점에 점을 표시한다.

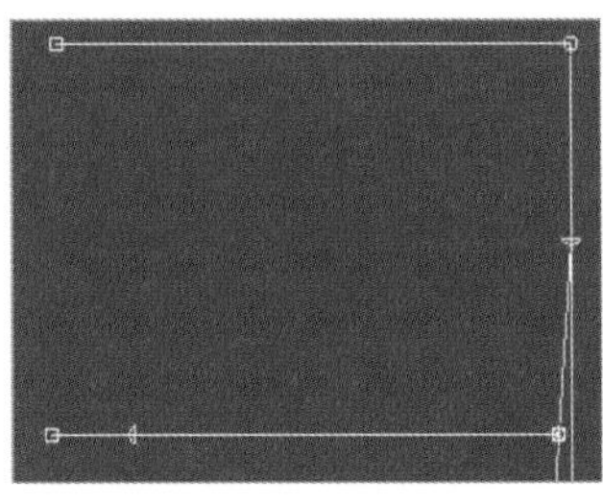

5 뒤품선 그리기

메뉴 점/선 F1 에서 평행선 X 을 선택한 후 대화창이 뜨면 방향키(↑ 또는 ↓)로 거리에 뒤품/2(=17.8cm)을 입력한 후 평행선을 그린다.

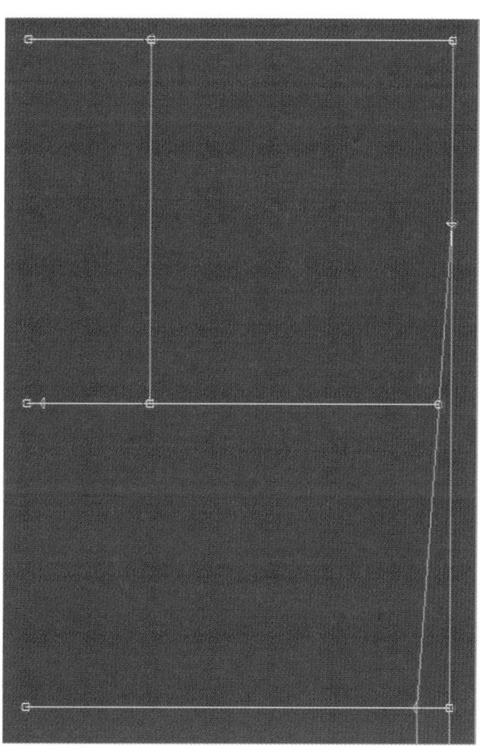

6 뒤목선 그리기

01 >> 메뉴 점/선 F1 에서 직선/곡선 점추가 ~4 를 선택한 후 대화창이 뜨면 방향키(↑ 또는 ↓)로 길이에 B/12(=7cm)을 입력한 후 Enter 를 친다.

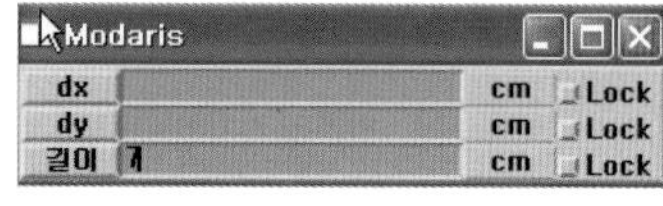

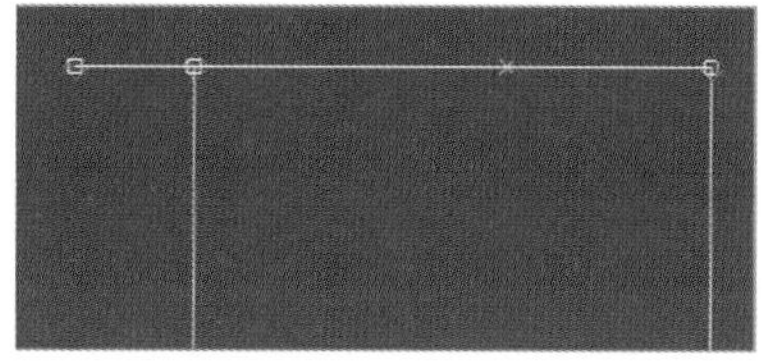

02 >> 메뉴 점/선 F1 에서 직선 0 을 선택한 후 대화창이 뜨면 방향키(↑ 또는 ↓)로 dy에 2.5cm를 입력한 후 Enter 를 친다.

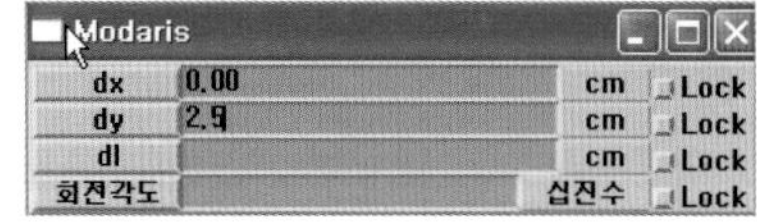

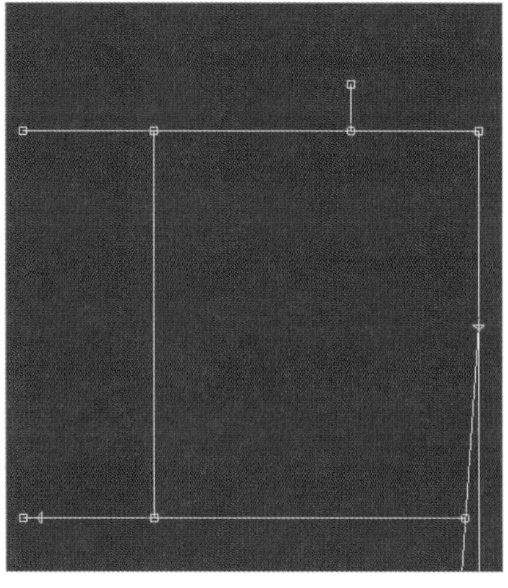

03 >> 메뉴 점/선 F1 에서 미세곡선 b 을 선택한 후 Shift 를 누른 상태로 곡선을 그려 준다.

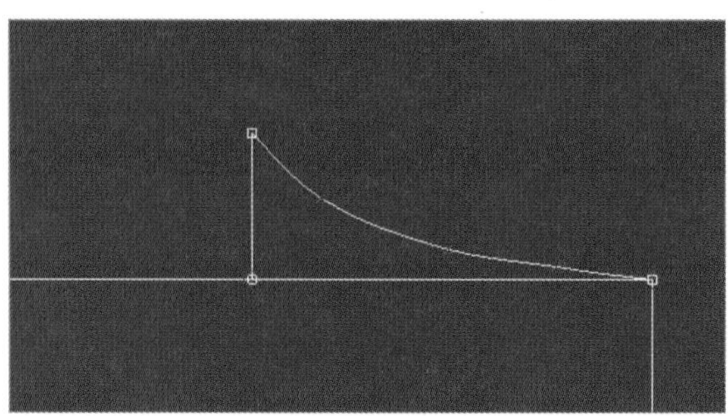

04 >> 메뉴 수정 F3 에서 점수정 r 을 선택한 후 곡선을 수정하여 준다.

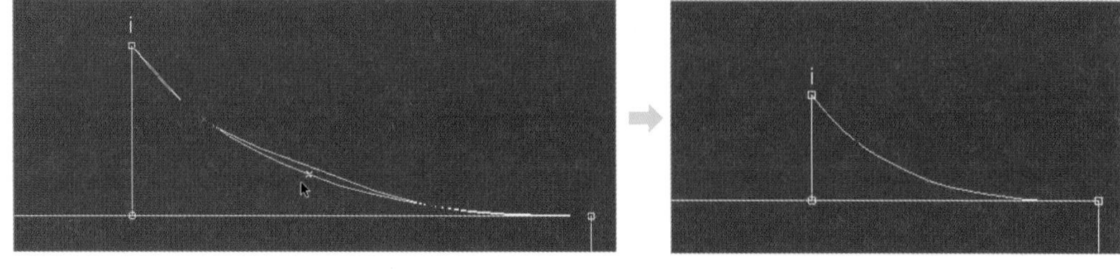

7 어깨선 그리기

01 >> 메뉴 점/선 F1 에서 직선/곡선 점추가 ~4 를 선택한 후 대화창이 뜨면 방향키(↑ 또는 ↓)로 길이에 어깨넓이/2(=18.5cm)을 입력한 후 Enter 를 친다.

Modaris
dx cm Lock
dy cm Lock
길이 18.5 cm Lock

02 >> 메뉴 점/선 F1 에서 직선 0 을 선택한 후 대화창이 뜨면 방향키(↑ 또는 ↓)로 dy에 1cm를 입력한 후 Enter 를 친다. → 점 i와 j를 연결한다.

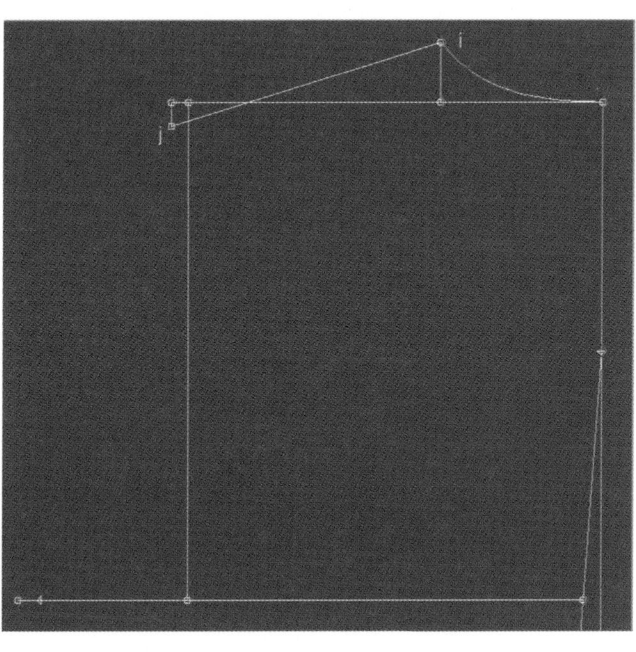

8 뒤진동둘레선 그리기

01 >> 메뉴 [점/선 F1]에서 [미세곡선 b]을 선택한 후 Shift를 누른 상태로 곡선을 그린다.

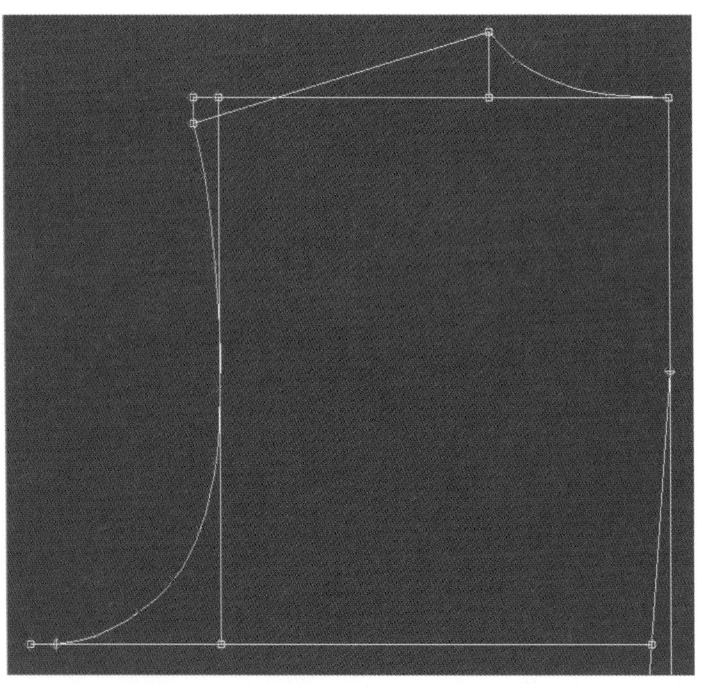

02 >> 메뉴 [수정 F3]에서 [점수정 r]을 선택하여 곡선을 수정한다.

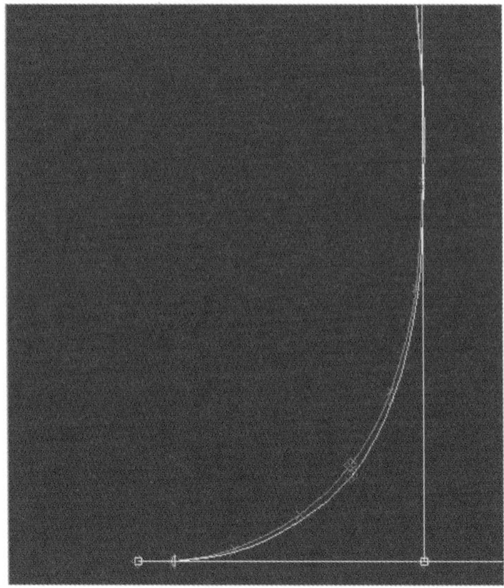

9 옆선 그리기

01 >> 메뉴 [점/선 F1]에서 [눈금점 v]을 선택한 후 대화창이 뜨면 방향키(↑ 또는 ↓)로 길이에 W / 4+3+1.5(21cm)를 입력한다. → 대화창이 뜨면 방향키(↑ 또는 ↓)로 길이에 H / 4+1(23.5cm)을 입력한다.

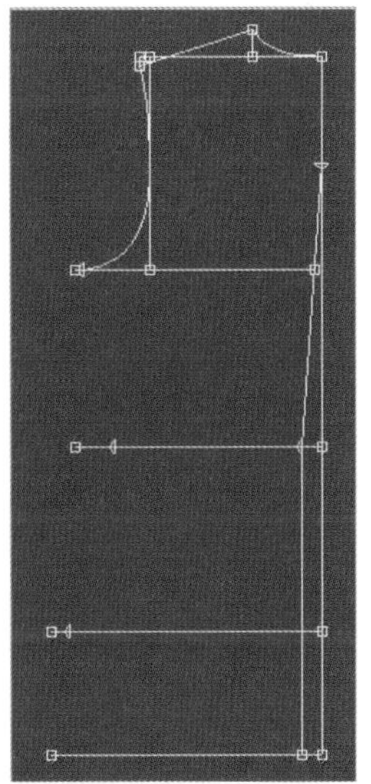

02 >> 메뉴 [점/선 F1]에서 [직선 0]을 선택한 후 각 점을 연결한다. → 메뉴 [점/선 F1]에서 [직선/곡선 점추가 ~4]를 선택한 후, 허리선 지점에 Shift 를 누른 상태에서 곡선점을 추가하여 각진 부분을 완만한 곡선으로 만든다.

03 >> 메뉴 [수정 F3]에서 [두선 맞추기]를 선택한 후 가슴선, 허리선, 엉덩이 선, 밑단선을 옆선과 두 선 맞추기로 정리한다.

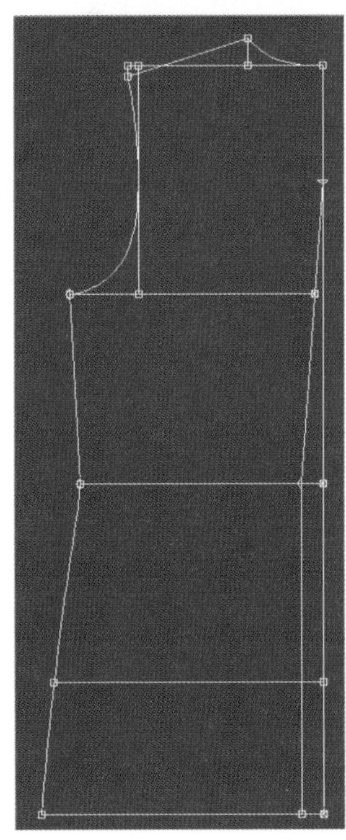

10 프린세스라인 그리기

01 >> 메뉴 [점/선 F1]에서 [직선/곡선 점추가 ~4]를 선택한 후 대화창이 뜨면 방향키(↑ 또는 ↓)로 길이에 9cm를 입력한 후 Enter 를 친다.

02 >> 대화창이 뜨면 방향키(↑ 또는 ↓)로 길이에 다트량(=2cm)을 입력한 후 Enter 를 친다.

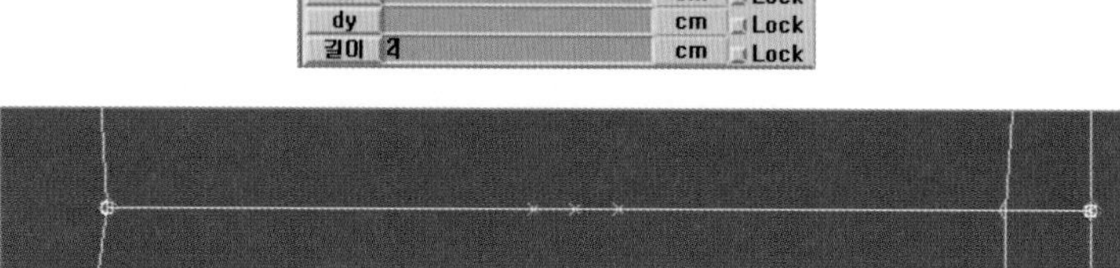

03 >> 메뉴 [점/선 F1]에서 [직선 0]을 선택한 후, 허리선에 밑단까지 수직선을 그린다. → 수직선을 가슴선까지 그린다.

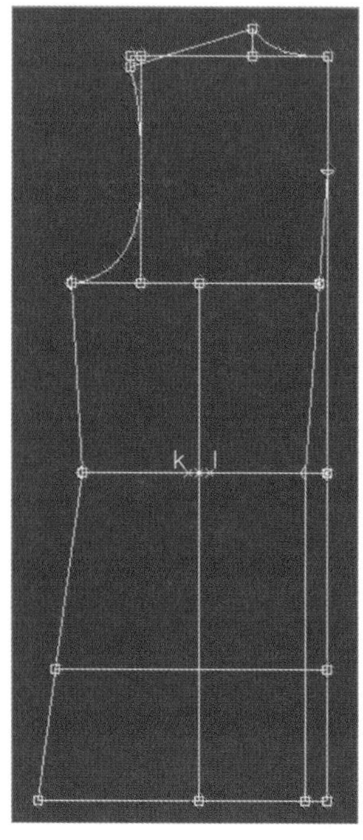

04 >> 메뉴 점/선 F1 에서 눈금점 을 선택한 후 엉덩이선에서 수직선 좌우로 1cm씩 나아가 점을 표시한다.

05 >> 메뉴 점/선 F1 에서 직선 을 선택한 후 점 k와 o, 점 l과 n을 직선 연결한다.

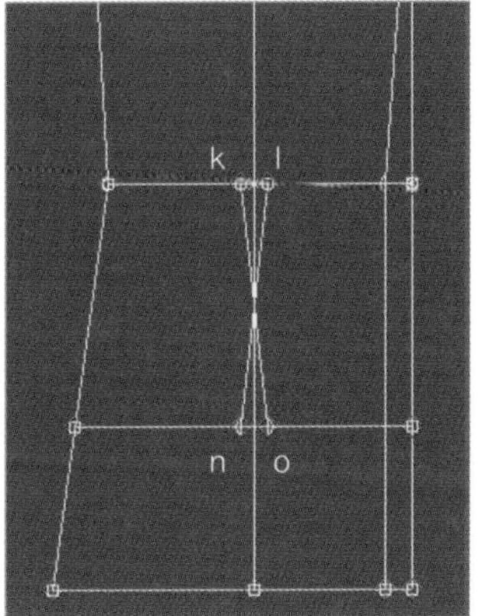

06 >> 메뉴 수정 F3 에서 두선 맞추기 를 선택한 후 밑단까지 두 선 맞추기로 정리한다.

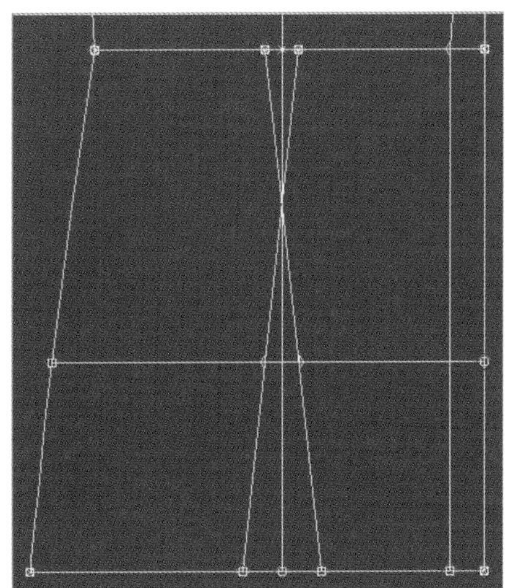

07 >> 메뉴 [점/선 F1] 에서 [눈금점 v] 을 선택한 후, 점 m에서 시작하여 옆선쪽으로 2cm 위치에 점을 표시한다.

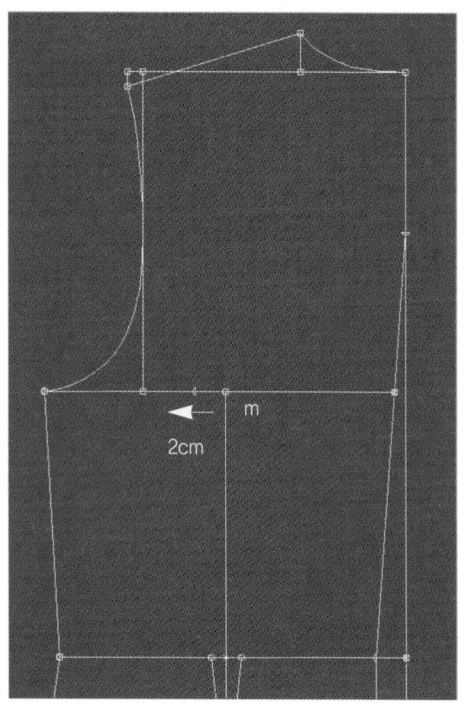

08 >> 메뉴 [점/선 F1] 에서 [미세곡선 b] 을 선택한 후 Shift 를 누른 상태로 자연스러운 곡선을 그려 준다.

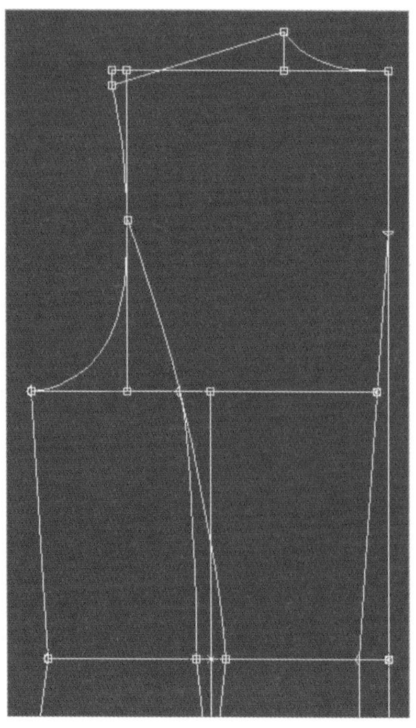

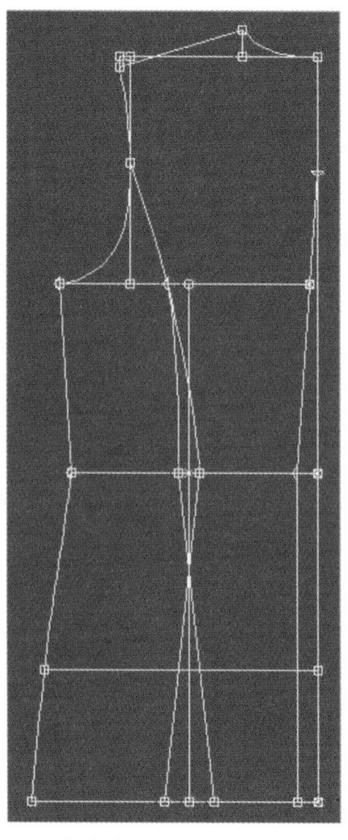

테일러드재킷원형 완성

2 앞판 제도

1 앞중심선 그리기

01 >> 앞길이

메뉴 점/선 F1 에서 직선 0 을 선택한 후 대화창이 뜨면 방향키(↑ 또는 ↓)로 dy에 앞길이(=40.5cm)를 입력한 후 Enter 를 친다.

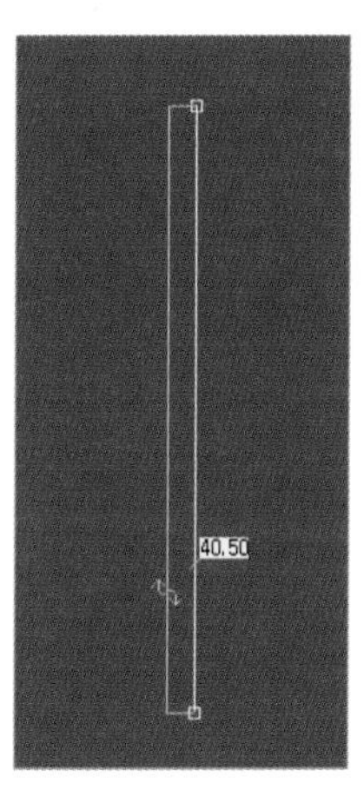

메뉴 측량/패턴결합/가먼트 F8 화면 전시 길이 측정 L 에서 선의 길이를 측정하여 화면에 표시해 준다.

→ 메뉴 측량/패턴결합/가먼트 F8 길이 l 에서 선의 길이를 측정한다.

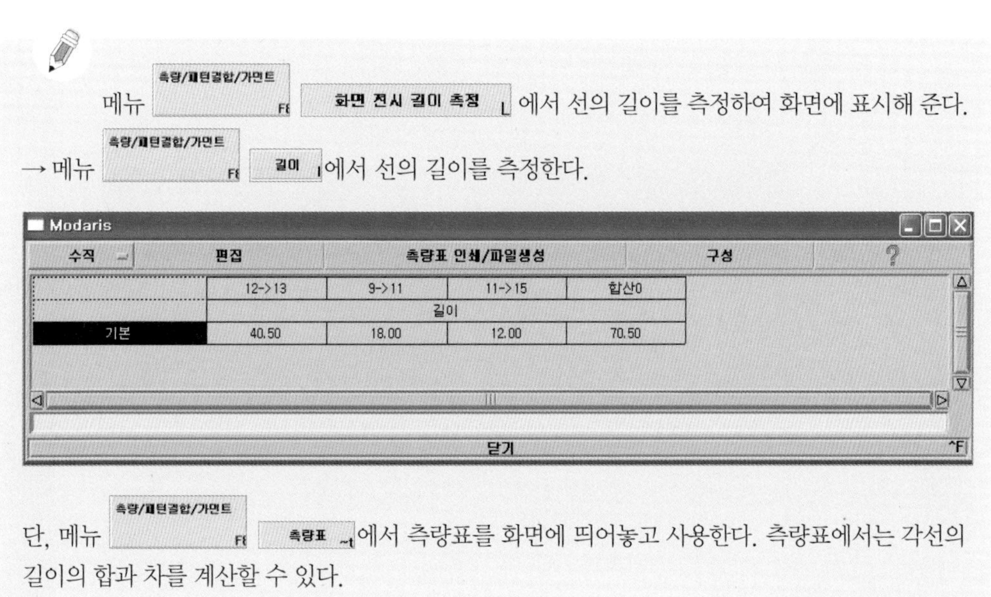

	12->13	9->11	11->15	합산0
	길이			
기본	40.50	18.00	12.00	70.50

단, 메뉴 측량/패턴결합/가먼트 F8 측량표 ~t 에서 측량표를 화면에 띄어놓고 사용한다. 측량표에서는 각선의 길이의 합과 차를 계산할 수 있다.

02 >> 메뉴 수정 F3 에서 연장선 을 선택한 후 앞 길이에서 밑단까지의 길이(=30cm)를 연장한다.

03 >> 메뉴 점/선 F1 에서 직선/곡선 점추가 ~4 를 선택한 후 대화창이 뜨면 방향키(↑ 또는 ↓)로 길이에 Br/4+2.5cm(=20.75cm)를 입력한 후 Enter 를 친다. → 대화창이 뜨면 방향키(↑ 또는 ↓)로 길이에 엉덩이길이(=18cm)를 입력한 후 Enter 를 친다.

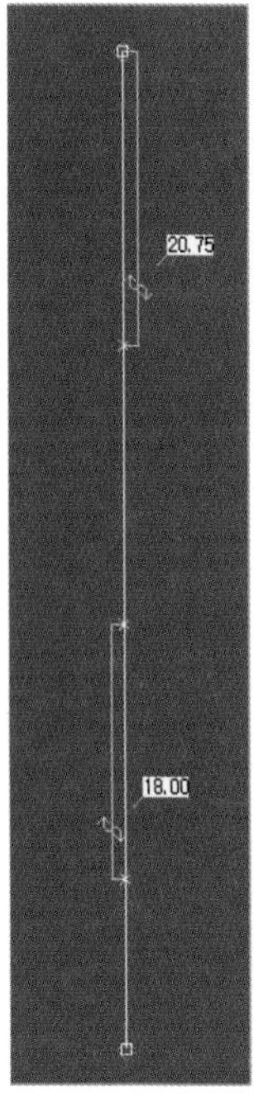

2 어깨선, 가슴선, 허리선, 엉덩이선 그리기

01 >> 메뉴 [점/선 F1] 에서 [직선] 을 선택한 후 대화창이 뜨면 방향키(↑ 또는 ↓)로 dx에 어깨 길이/2(=18.5cm)를 입력한 후 [Enter] 를 친다.

02 >> 대화창이 뜨면 방향키(↑ 또는 ↓)로 dx에 B/4+여유분(=2cm)(=22.75cm)을 입력한 후 [Enter] 를 친다.

03 >> 대화창이 뜨면 방향키(↑ 또는 ↓)로 dx에 W/4+다트량(=2cm)+여유분(=3cm) (=21cm)을 입력한 후 [Enter] 를 친다.

04 >> 대화창이 뜨면 방향키(↑ 또는 ↓)로 dx에 H/4+여유분(1cm)(=23.5cm)을 입력한 후 [Enter] 를 친다.

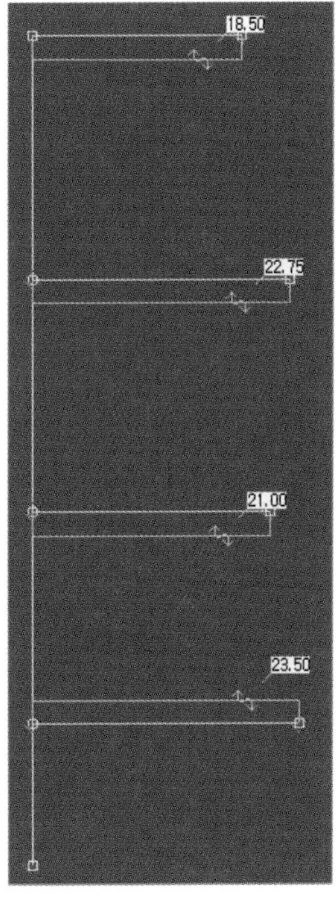

3 앞품선 그리기

메뉴 [점/선 F1] 에서 [평행선] 을 선택한 후 대화창이 뜨면 방향키(↑ 또는 ↓)로 거리에 앞품 / 2(16.5cm)을 입력한 후 평행선을 그린다.

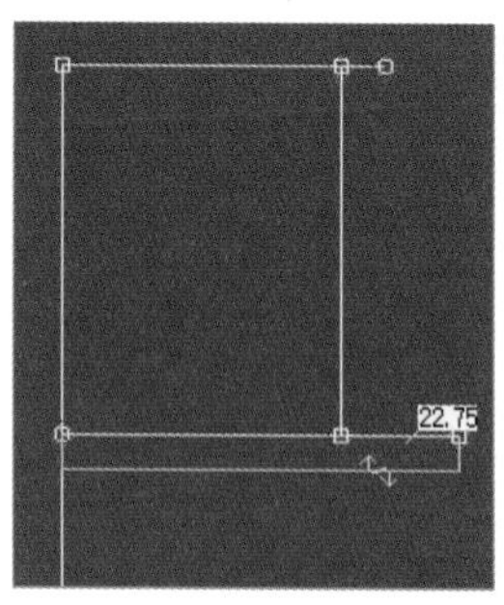

4 어깨선 그리기

01 >> 앞목 너비

메뉴 [점/선 F1] 에서 [직선/곡선 점추가] 를 선택한 후 대화창이 뜨면 방향키(↑ 또는 ↓)로 길이에 뒷목너비+0.3cm(=7.3cm)를 입력한 후 Enter 를 친다.

02 >> 어깨 경사

메뉴 [점/선 F1] 에서 [직선] 을 선택한 후 대화창이 뜨면 방향키(↑ 또는 ↓)로 dy에 4cm를 입력한 후 Enter 를 친다. → 점 a와 b를 연결한다.

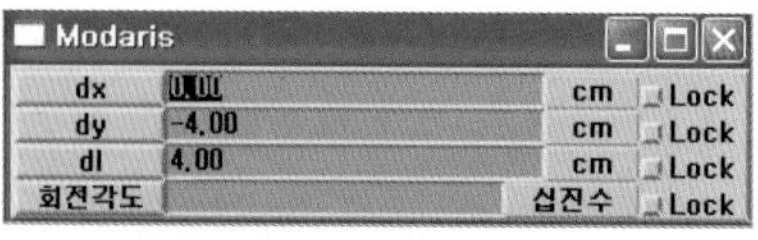

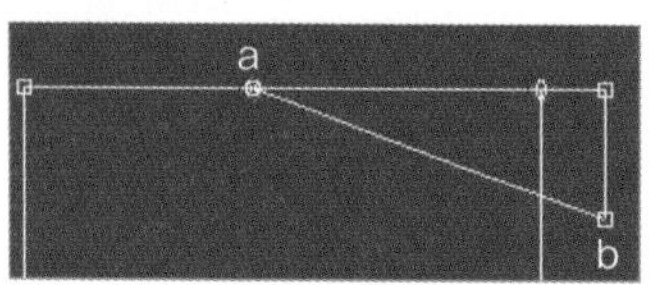

03 >> 어깨 너비 정하기

메뉴 [점/선 F1] 에서 [직선/곡선 점추가 ~4] 를 선택한 후 대화창이 뜨면 방향키(↑ 또는 ↓)로 길이에 뒤어깨 너비−0.3cm(=11.7cm)를 입력한 후 [Enter] 를 친다.

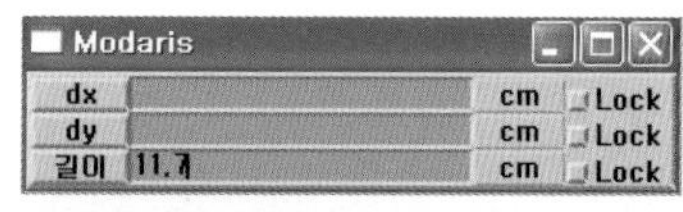

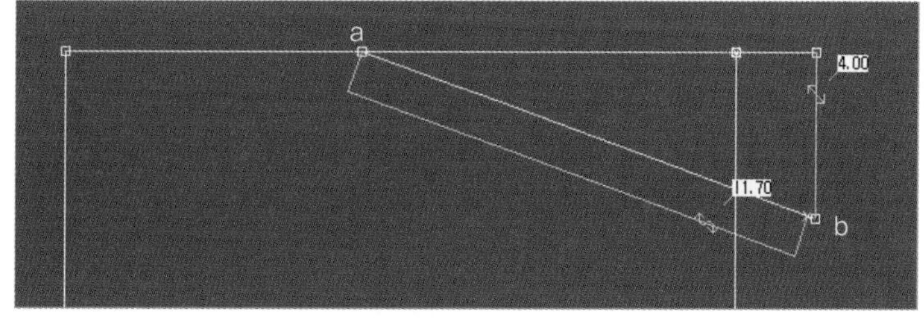

5 앞진동둘레선 그리기

메뉴 [점/선 F1] 에서 [미세곡선 b] 을 선택한 후 [Shift] 를 누른 상태로 자연스러운 곡선을 그려 준다. → 메뉴 [수정 F3]에서 [점수정 r] 을 선택하여 곡선을 수정한다.

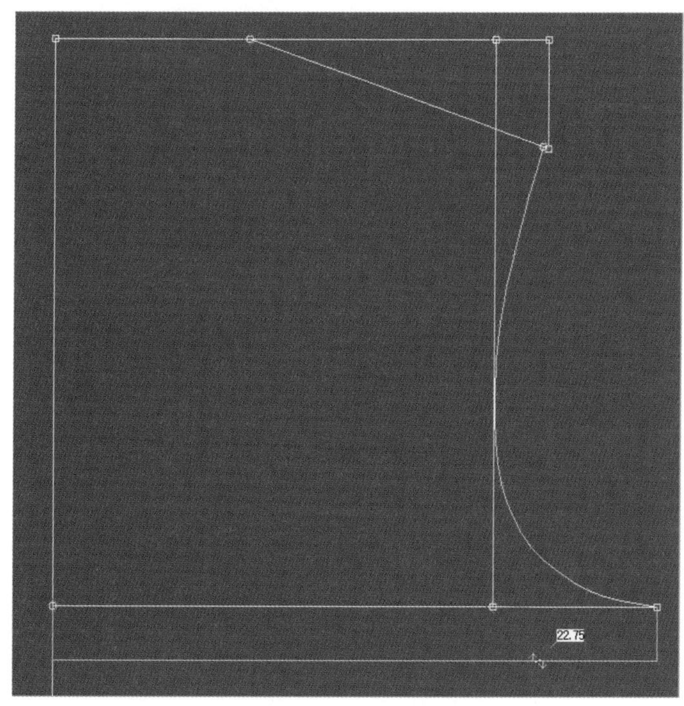

6 옆선 그리기

01 >> 메뉴 [점/선 F1] 에서 [직선 0] 을 선택한 후 점 c, d, e, f를 연결한다.

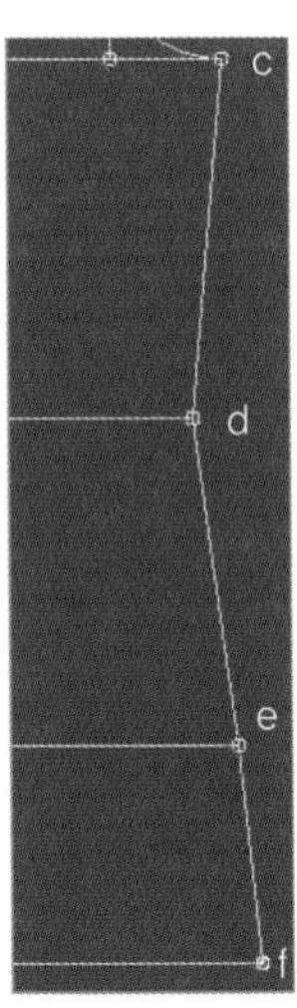

02 >> 메뉴 [점/선 F1] 에서 [직선/곡선 점추가 ~4] 를 선택한 후 허리선 지점에 Shift 를 누른 상태에서 곡선점을 추가하여 각진 부분을 완만한 곡선으로 만든다.

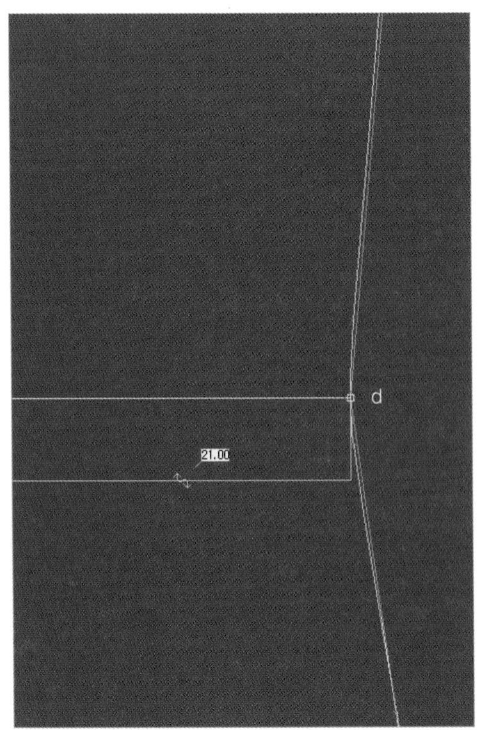

03 >> 메뉴 수정 F3 에서 두선 맞추기 를 선택한 후 가슴선, 허리선, 엉덩이선, 밑단선을 옆선과 두 선 맞추기로 정리한다.

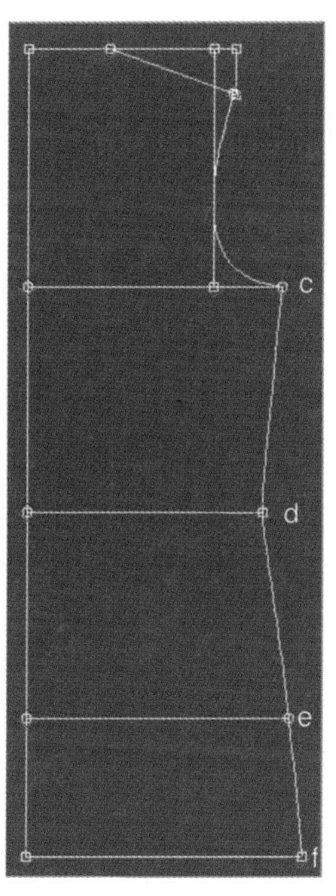

7 옆다트 그리기

01 >> 메뉴 점/선 F1 에서 평행선 X 을 선택한 후 대화창이 뜨면 방향키(↑ 또는 ↓)로 거리에 유장(=24.5cm)을 입력한 후 평행선을 그린다.

02 >> 메뉴 점/선 F1 에서 직선/곡선 점추가 ~4 를 선택한 후 대화창이 뜨면 방향키(↑ 또는 ↓)로 길이에 다트량(=2.5cm)을 입력한다.

03 >> 대화창이 뜨면 방향키(↑ 또는 ↓)로 길이에 유폭/2(=9.5cm)을 입력한다.

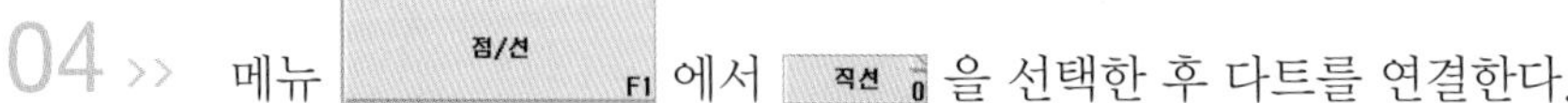

04 >> 메뉴 점/선 F1 에서 직선 0 을 선택한 후 다트를 연결한다.

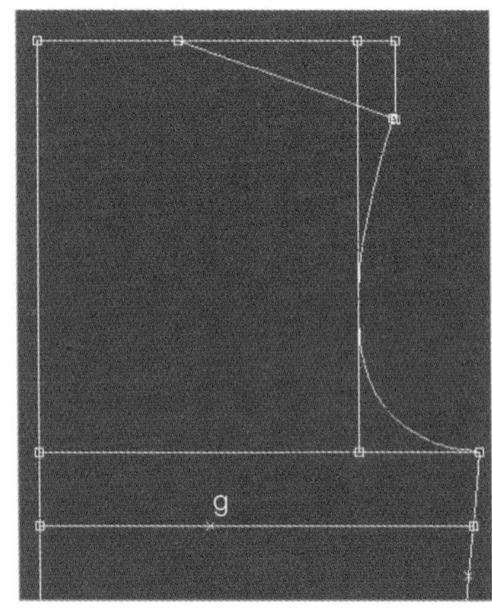

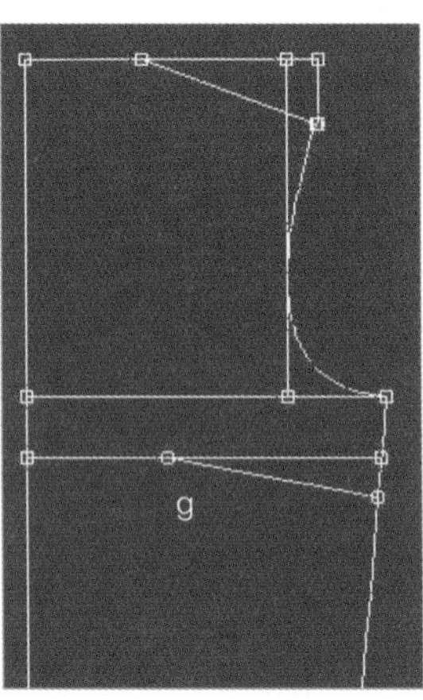

8 허리다트와 프린세스라인 그리기

① 허리다트 그리기

01 >> 메뉴 점/선 F1 에서 직선 0 을 선택한 후 허리선까지 수직선을 그린다.

02 >> 메뉴 수정 F3 에서 연장선 을 선택한 후 허리선까지 수직선을 그린다.

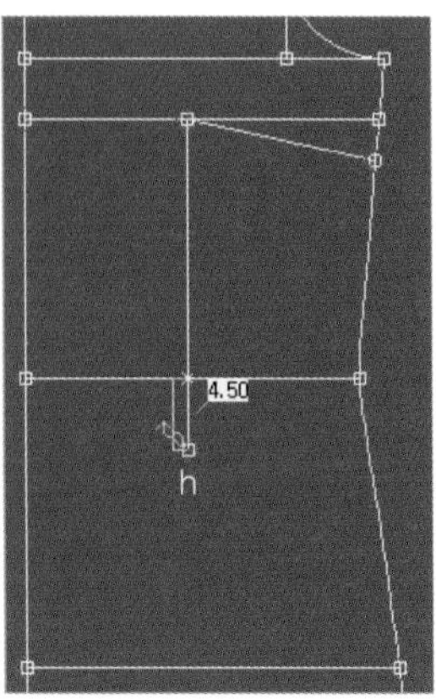

03 >> 메뉴 점/선 F1 에서 평행선 X 을 선택한 후 허리선에서 1cm 올린다.

04 >> 메뉴 점/선 F1 에서 교차점 I 을 선택해 수직선과 1cm 올린 평행선의 교차점을 만든다.

05 >> 메뉴 점/선 F1 에서 직선/곡선 점추가 ~4 를 선택한 후 대화창이 뜨면 방향키(↑ 또는 ↓)로 길이에 다트량/2(=0.4cm)을 입력한 후 Enter 를 친다.

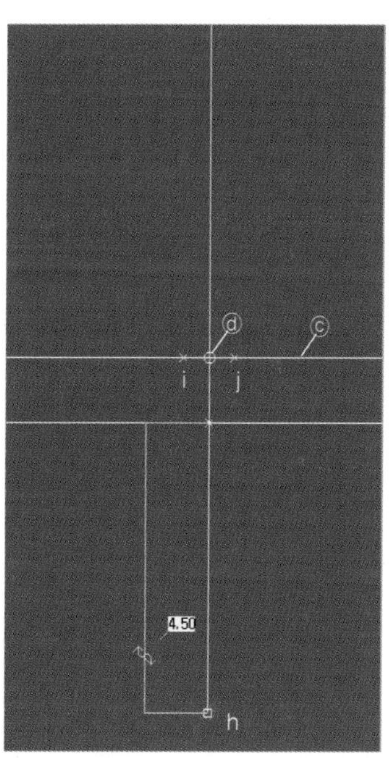

06 >> 메뉴 점/선 F1 에서 직선 0 을 선택한 후 점 g, I, h와 g, j, h를 직선으로 연결한다. → 메뉴 수정 F3에서 두선 맞추기 를 선택하여 다트선 안으로 정리한다.

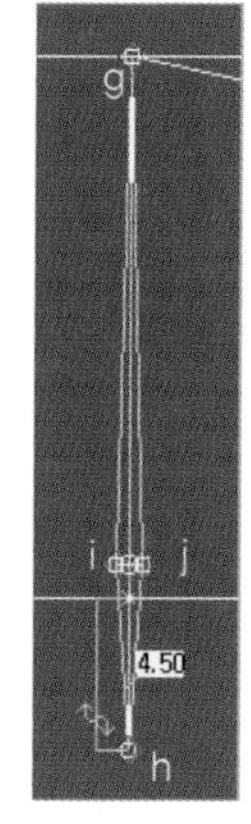

② 프린세스라인 그리기

01 >> 메뉴 [점/선 F1] 에서 [직선/곡선 점추가] 를 선택한 후 대화창이 뜨면 방향키(↑ 또는 ↓)로 길이에 5cm를 입력한 후 [Enter] 를 친다.

02 >> 대화창이 뜨면 방향키(↑ 또는 ↓)로 길이에 다트량(=1.2cm)을 입력한 후 [Enter] 를 친다.

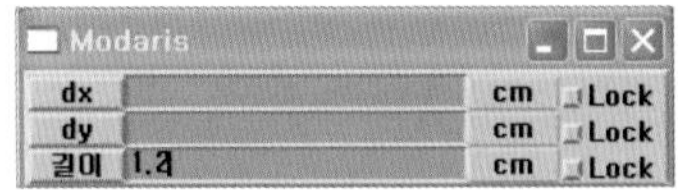

03 >> 메뉴 [점/선 F1] 에서 [점등분] 을 선택한 후 다트량을 선택하여 이등분한다. → 메뉴 [수정 F3]에서 [두선 맞추기] 를 선택하여 다트량을 이등분한 점을 기준으로 가슴다트에서 밑단까지 수직선을 그린다.

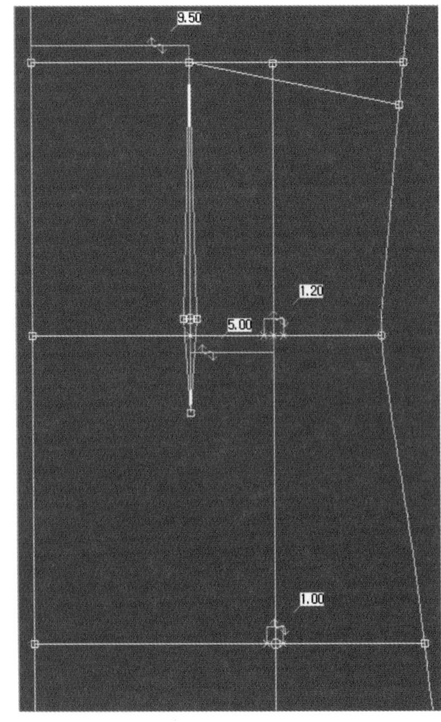

04 >> 메뉴 [점/선 F1] 에서 [교차점 I] 을 선택하여 수직선과 엉덩이선의 교차점을 추가한다. → 메뉴 [점/선 F1] 에서 [직선/곡선 점추가 ~4] 를 선택하여 좌우로 0.5cm를 입력한 후 [Enter] 를 친다. → 메뉴 [점/선 F1] 에서 [직선 0] 을 선택한 후 각 점을 직선으로 연결한다.

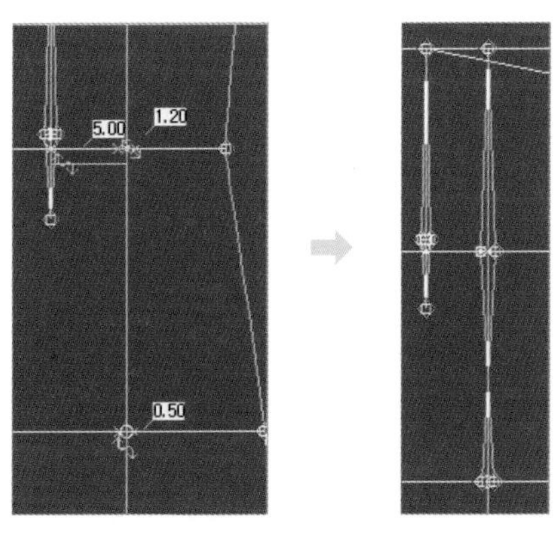

메뉴 [측량/패턴결합/가먼트 F6]에서 [화면 전시 길이 측정 L]으로 선의 길이를 측정한 값은 삭제하면서 패턴을 완성해 주었다.

05 >> 메뉴 [점/선 F1] 에서 [미세곡선 b] 을 선택한 후 곡선점을 선택하여 프린세스라인을 자연스럽게 그려 준다. → 메뉴 [수정 F3]에서 [점수정 r] 을 선택하여 곡선을 수정한다.

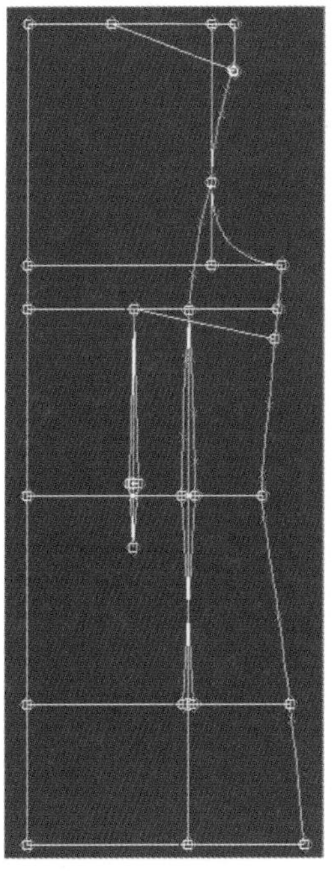

9 냅단분 그리기

01 >> 첫 단추선 위치와 냅단분

메뉴 [점/선 F1] 에서 [평행선] 을 선택한 후 대화창이 뜨면 방향키(↑ 또는 ↓)로 거리에 첫 단추 위치(=11.5cm)를 입력한 후 Enter 를 친다. → 대화창이 뜨면 방향키 (↑또는 ↓)로 거리에 냅단분(=2cm)을 입력한 후 Enter 를 친다.

첫 단추 위치 냅단분

02 >> 메뉴 [수정 F3] 에서 [두선 맞추기] 를 선택하여 선을 정리한다.

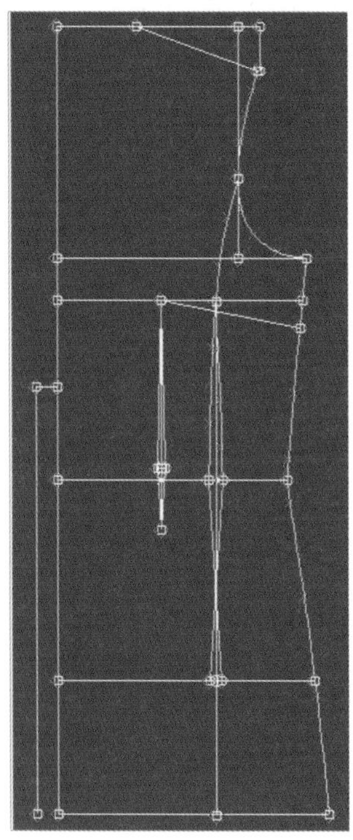

10 앞처짐분 그리기

01 >> 메뉴 [점/선 F1] 에서 [평행선] 을 선택한 후 대화창이 뜨면 방향키(↑ 또는 ↓)로 거리에 1cm를 입력한 후 Enter 를 친다.

02 >> 메뉴 수정 F3 에서 두선 맞추기 를 선택하여 낸단분선과 앞처짐선을 정리한다. → 메뉴 수정 F3 에서 점/선 이동 D 을 선택하여 선을 이동한다.

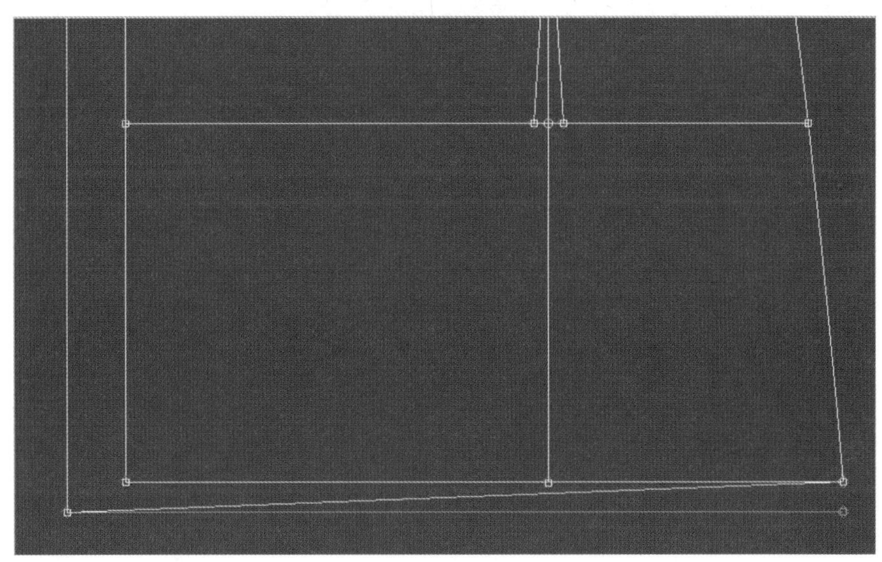

보조 메뉴에서 곡선점, 이미지 흔적을 켜 놓는다.

03 >> 메뉴 점/선 F1 에서 직선/곡선 점추가 ~4 를 선택하여 Shift 를 눌러 주면서 곡선점을 추가한다. → 메뉴 수정 F3 에서 점수정 r 을 선택하여 곡선점을 수정한다.

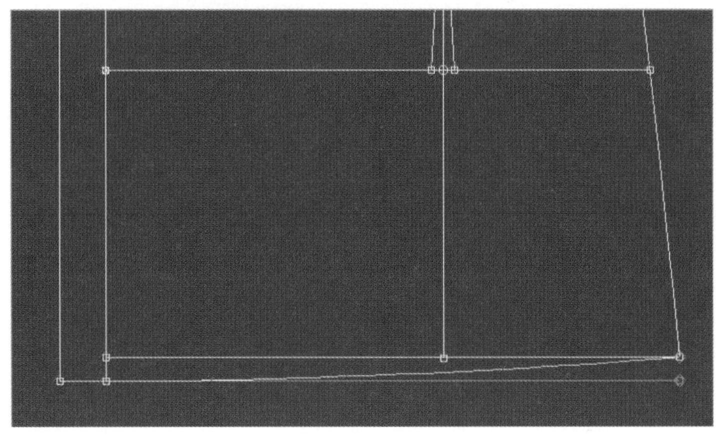

04 >> 메뉴 [점/선 F1] 에서 [미세곡선 b] 을 선택한 후 낸단분에서 밑단까지 자연스러운 곡선을 그린다.

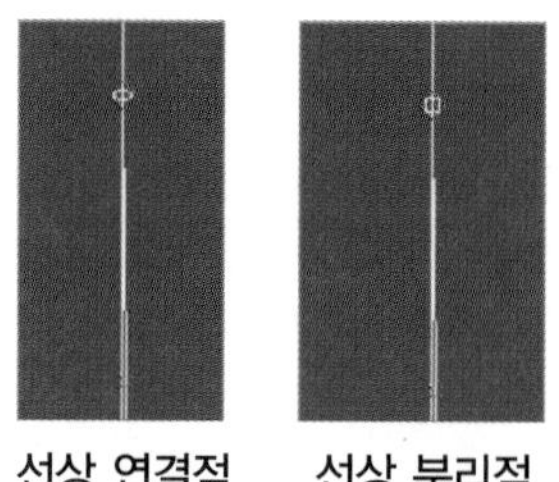

선상 연결점 선상 분리점

선을 선상에서 시작하여 그릴 때 선상에 동그란 점으로 표시된다. 이 점은 이동할 때 다른 선까지 함께 이동하므로 F3-분리 기능으로 점을 선상에서 분리시킨다. 분리 후 점은 사각점으로 표시된다.

05 >> 메뉴 [수정 F3] 에서 [두선 맞추기] 를 선택하여 엉덩이 다트선을 밑단선까지 연결한다.

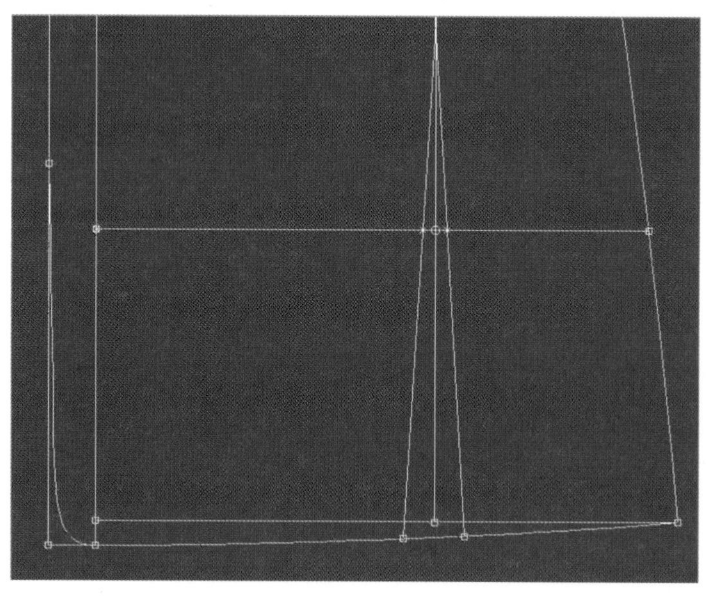

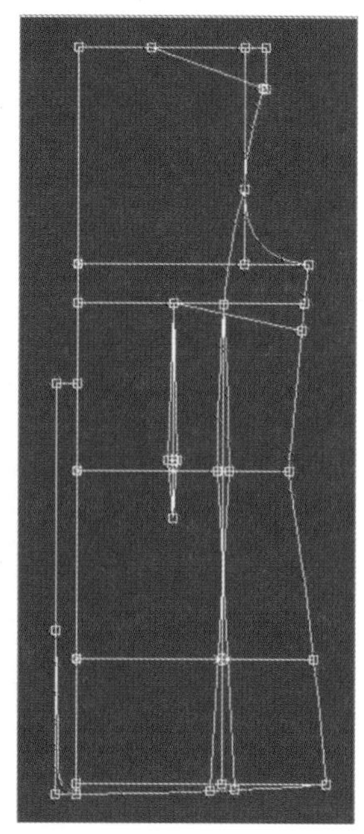

11 진동둘레 너치 표시

01 >> 메뉴 [점/선 F1] 에서 [눈금점 v] 을 선택하여 너치 위치를 표시한다. → 대화창이 뜨면 방향키(↑ 또는 ↓)로 길이에 6.5cm를 입력한 후 Enter 를 친다.

02 >> 대화창이 뜨면 방향키(↑ 또는 ↓)로 길이에 7.5cm를 입력한 후 Enter 를 친다.

03 >> 메뉴 [너치/시트회전/도구 F2] 에서 [너치 c] 를 선택하여 너치를 표시한다. → 메뉴 [너치/시트회전/도구 F2] 에서 [너치 회전 ~u] 을 선택하여 너치 방향을 회전한다.

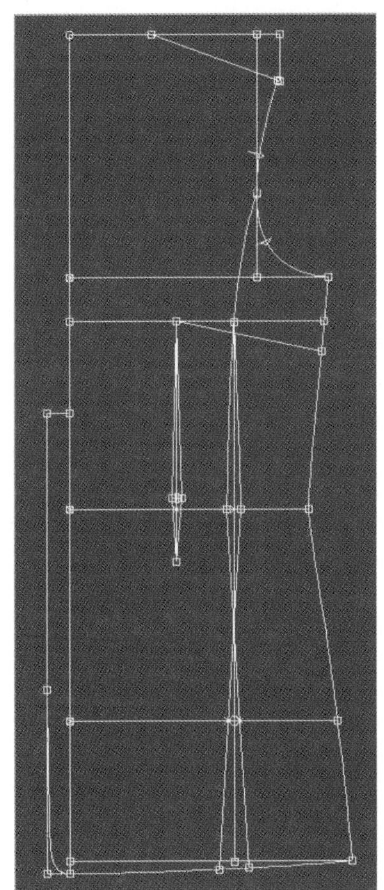

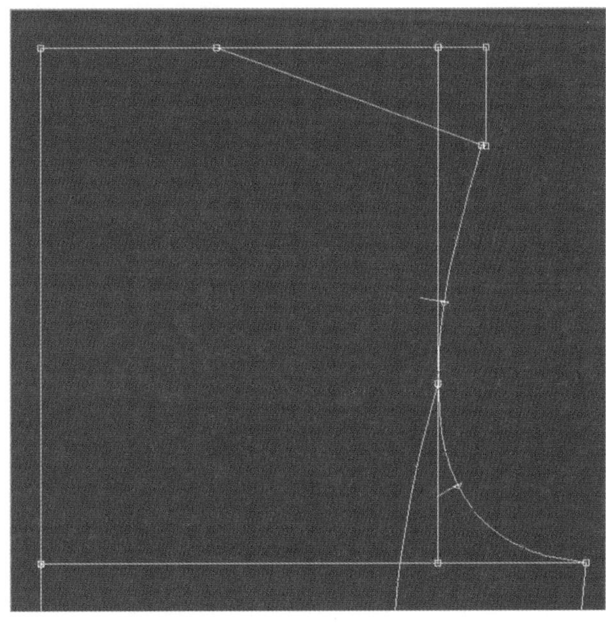

3 칼라 제도

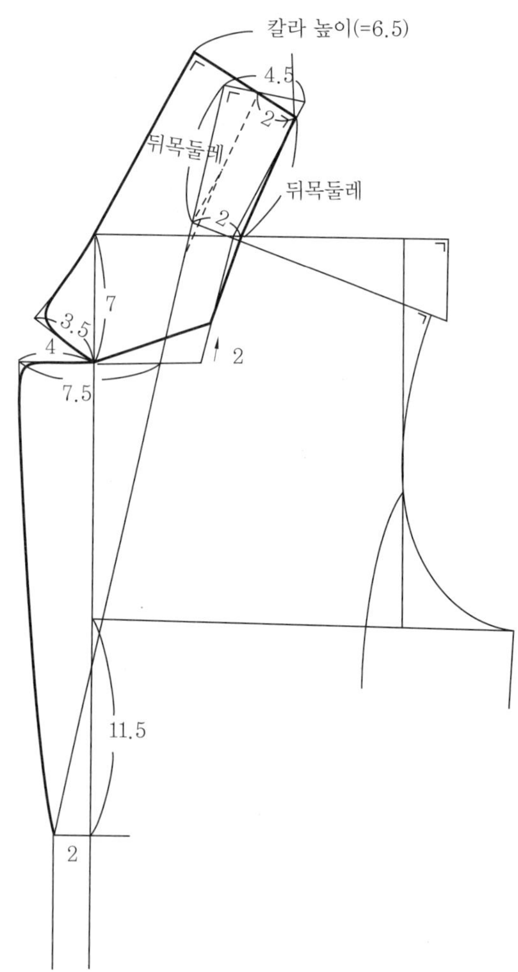

칼라 제도

1 라펠 제도

01 >> 메뉴 수정 F3 에서 연장선 을 선택하여 옆목점에서 2cm를 연장한다.

02 >> 메뉴 [점/선 F1] 에서 [직선] 을 선택하여 칼라 꺾임선을 연결한다.

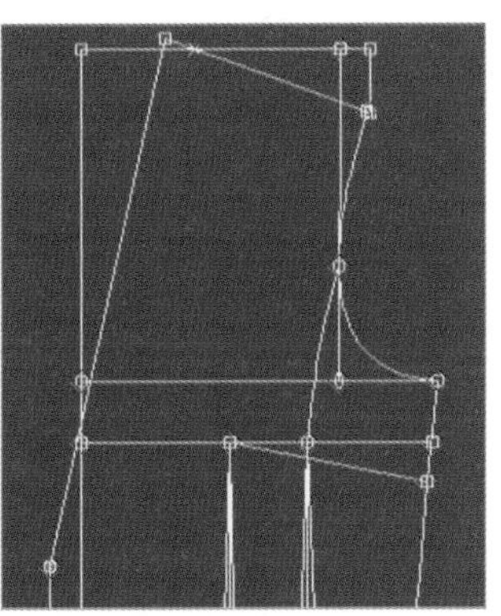

03 >> 메뉴 [점/선 F1] 에서 [평행선] 을 선택한 후 대화창이 뜨면 방향키(↑ 또는 ↓)로 거리에 7cm를 입력한 후 [Enter] 를 친다. → 2cm를 입력한 후 꺾임선과 평행선을 그린다.

04 >> 메뉴 [수정 F3] 에서 [두선 맞추기] 를 선택하여 그림과 같이 두선맞추기로 정리한다.

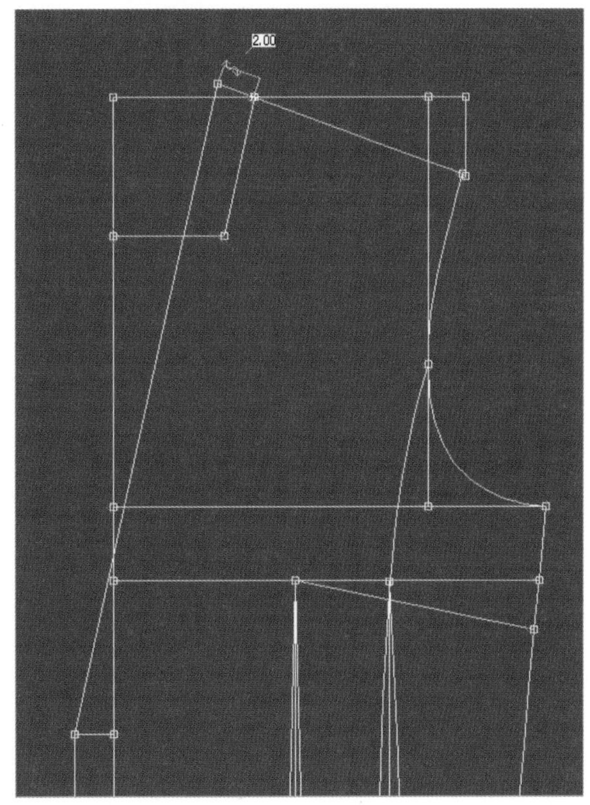

05 >> 메뉴 [점/선 F1] 에서 [교차점 I] 을 선택하여 꺾임선과 교차점을 표시한다.

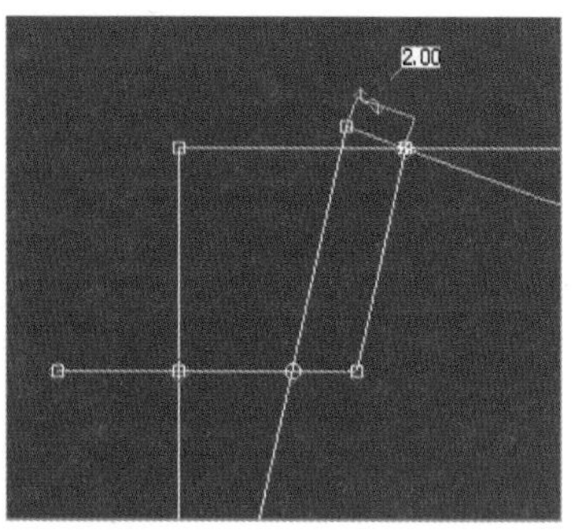

06 >> 메뉴 [점/선 F1] 에서 [직선 0] 을 선택한다. → 대화창이 뜨면 방향키(↑ 또는 ↓)로 dx에 7.5cm를 입력한 후 Enter 를 친다.

Modaris

dx	-7.50	cm	Lock
dy	0	cm	Lock
dl		cm	Lock
회전각도		십진수	Lock

07 >> 낸단분점과 연결하여 라펠 칼라를 그려 준다. → 메뉴 [점/선 F1] 에서 [직선/곡선 점추가 ~4] 를 선택하여 Shift 를 눌러 주면서 곡선점을 추가한다. → 메뉴 [수정 F3] 에서 [점수정 r] 을 선택하여 자연스러운 칼라 곡선으로 수정한다.

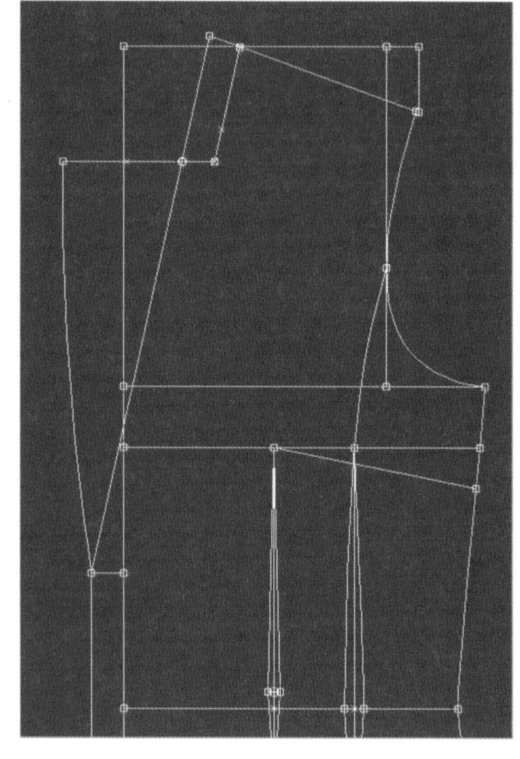

2 칼라 제도

01 >> 뒷목 각도 잡기

① 메뉴 점/선 F1 에서 직선/곡선 점추가 를 선택한다. → 대화창이 뜨면 방향키(↑ 또는 ↓)로 길이에 4cm를 입력한 후 Enter 를 친다.

② 대화창이 뜨면 방향키(↑ 또는 ↓)로 길이에 2cm를 입력한 후 Enter 를 친다.

③ 메뉴 점/선 F1 에서 직선 을 선택한 후 점 b와 점 c를 연결하는 직선을 그린다.

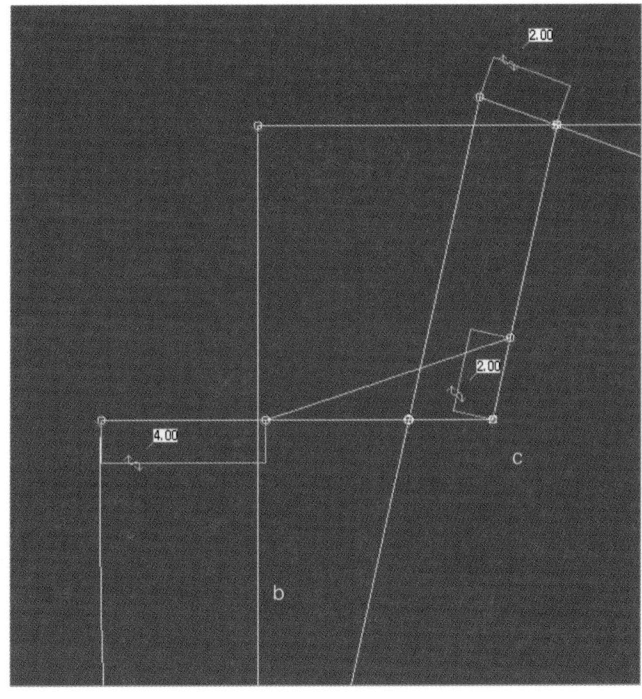

02 >> 메뉴 점/선 F1 에서 평행선 을 선택하여 뒷목둘레만큼 위쪽으로 평행선을 그린다.

03 >> 메뉴 수정 F3에서 두선 맞추기를 선택하여 꺾임선을 평행선까지 올린다.

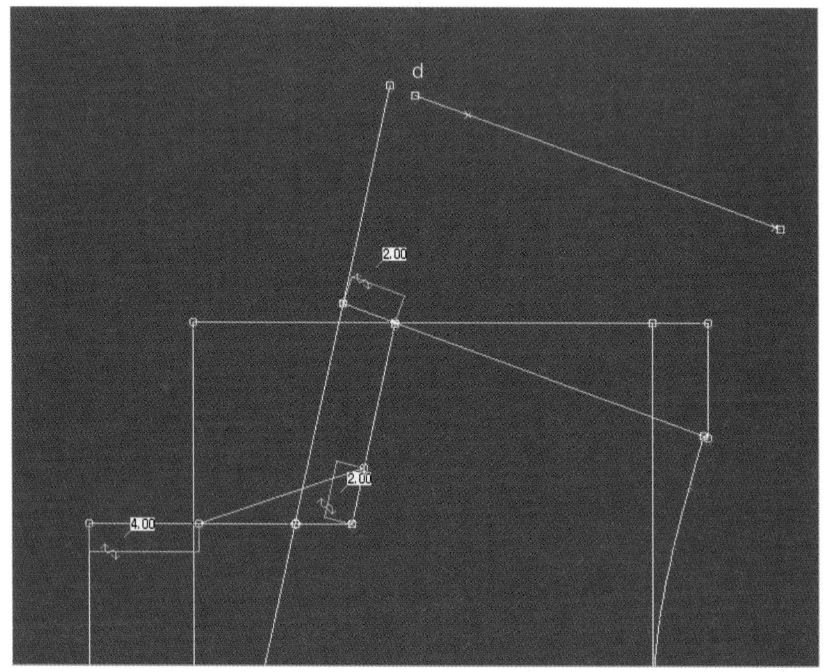

04 >> 메뉴 점/선 F1 에서 직선 을 선택한 후 점 d에서 직각으로 4.5cm 그린다.

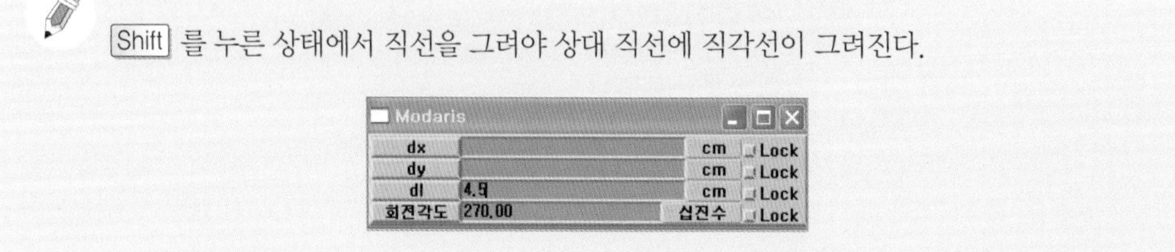

Shift 를 누른 상태에서 직선을 그려야 상대 직선에 직각선이 그려진다.

05 >> 점 a와 점 e를 직선으로 연결한 후 점 a 위치에서 완만하게 곡선을 그린다. → 메뉴 [수정 F3]에서 [점수정]을 선택하여 완만한 곡선으로 수정한다.

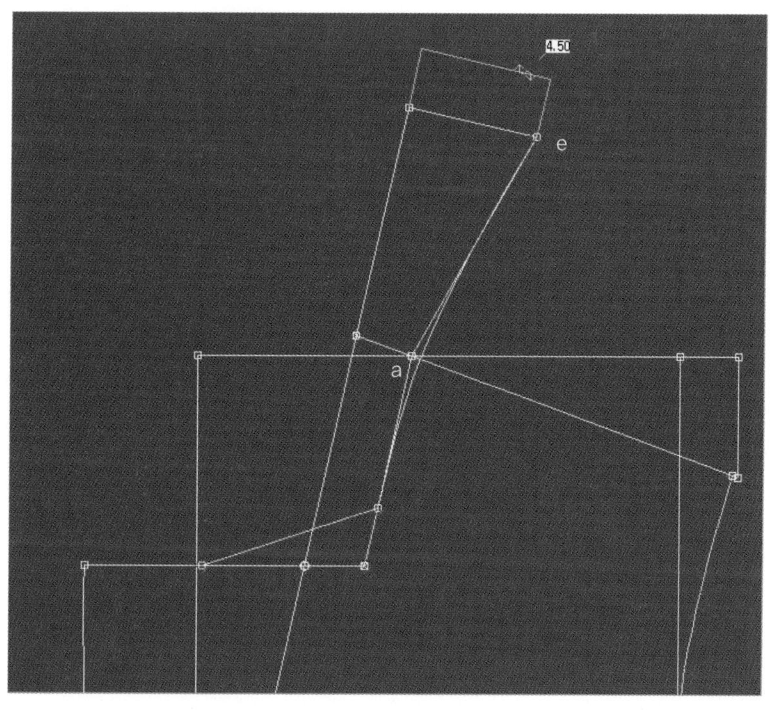

06 >> 메뉴 [점/선 F1]에서 [교차점]을 선택하여 곡선과 어깨선에 교차점을 표시한다. → 메뉴 [점/선 F1]에서 [직선/곡선 점추가]를 선택하여 교차점에서 뒷목둘레만큼(=7.75cm) 점을 추가한다.

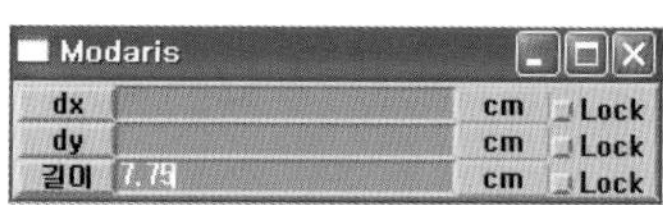

벌어진 각을 수정하고 싶을 때 메뉴 [수정 F3]에서 [스트레치]를 이용하여 각도를 조절할 수 있다.

07 >> 메뉴 점/선 F1 에서 직선 0 을 선택한 후 점 f에서 직각으로 6.5cm 그린다.

Modaris			
dx		cm	Lock
dy		cm	Lock
dl	6.5	cm	Lock
회전각도	270.00	십진수	Lock

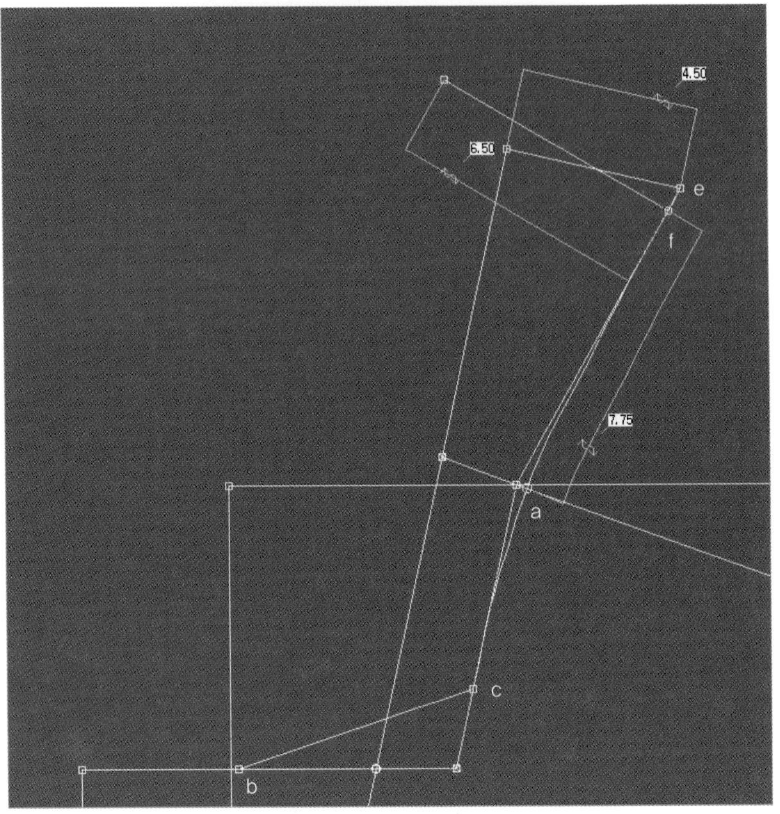

08 >> 칼라 외곽선 그리기

① 메뉴 점/선 F1 에서 직선 0 을 선택한 후 라펠 끝과 칼라 끝의 간격을 디자인에 맞게 직선을 그린다.

Modaris			
dx		cm	Lock
dy		cm	Lock
dl	3.5	cm	Lock
회전각도		십진수	Lock

② 메뉴 [점/선 F1]에서 [직선 0]을 선택하여 임의의 직각선을 그린다. → 메뉴 [점/선 F1]에서 [미세곡선 b]을 선택하여 임의의 직각선을 따라 점 g까지 완만한 곡선을 그린다.

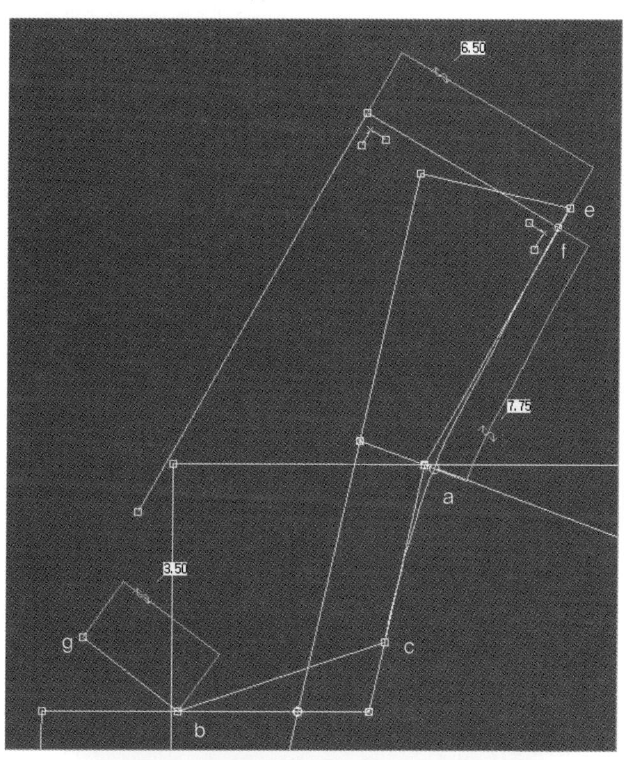

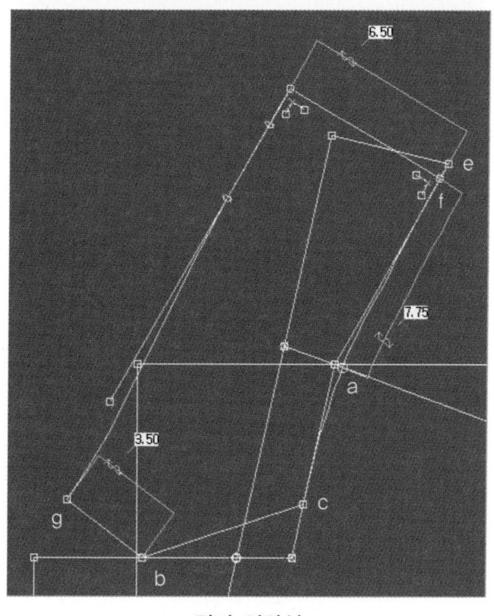

칼라 외곽선

③ 칼라 끝점의 각진 부분을 곡선으로 정리한다.

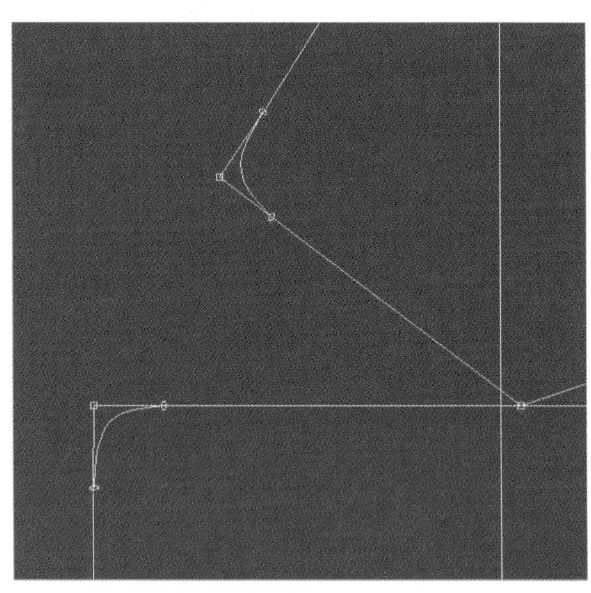

09 >> 칼라 꺾임선 그리기

① 메뉴 점/선 F1 에서 평행선 X 을 선택하여 뒷목선과 2cm 평행한 꺾임선을 그려준다.

Modaris
거리 -2 cm Lock

② 메뉴 수정 F3에서 두선 맞추기 를 선택하여 칼라 꺾임선을 칼라 안쪽으로 정리한다.

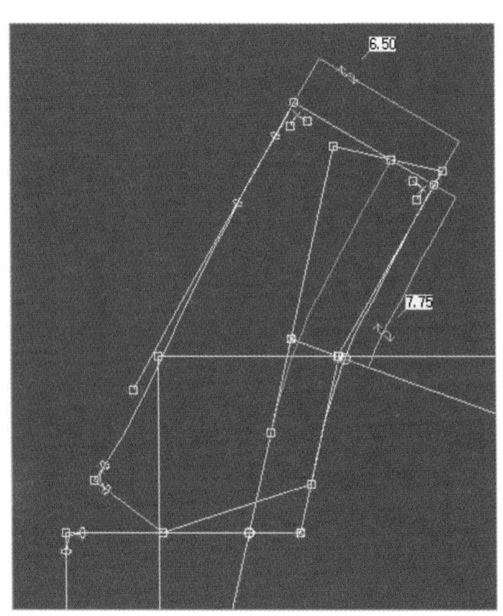

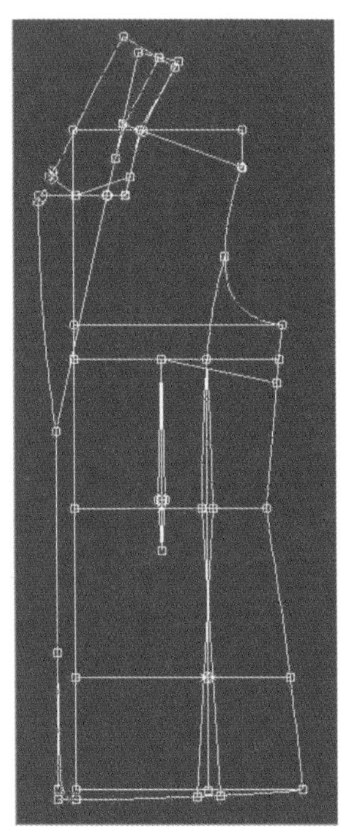

4 단 추

1 단추 위치

01 >> 메뉴 점/선 F1 에서 직선/곡선 점추가 를 선택하여 길이에 첫 단추 위치(=11.5cm)를 입력한 후 중심선에 표시한다.

02 >> 두 번째 단추 위치는 허리선에서 3cm 올라와서 중심선에 표시한다.

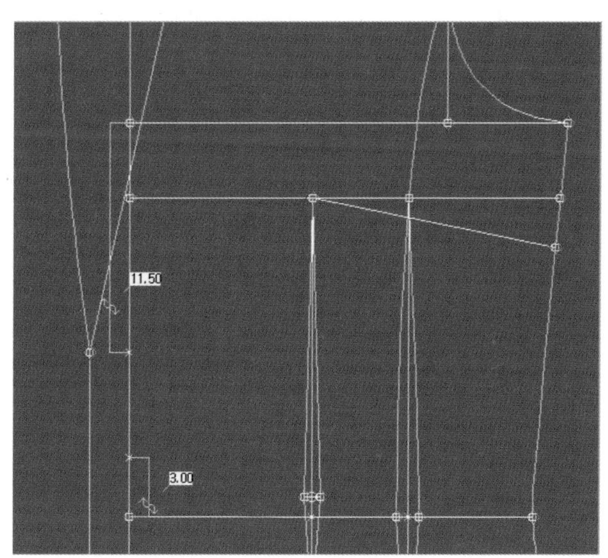

03 >> 첫 번째 단추와 두 번째 단추 간격만큼 세 번째 단추 위치를 표시한다.

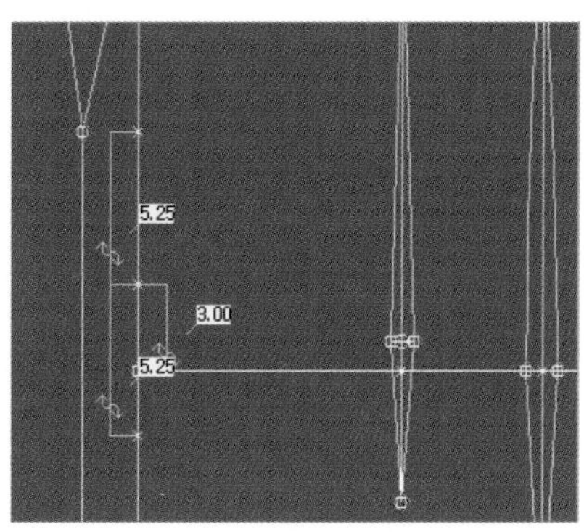

2 단춧구멍

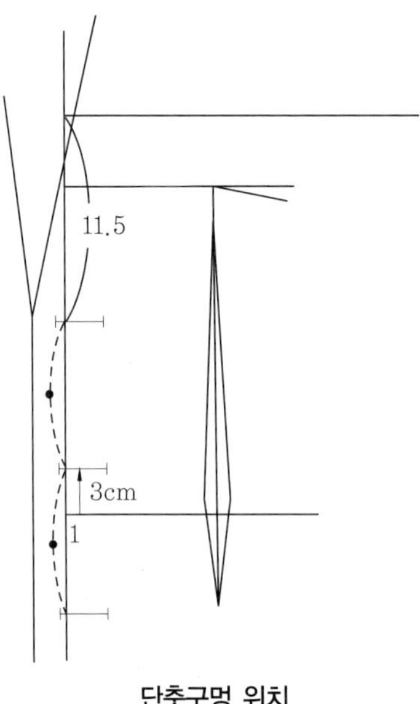

단춧구멍 위치

01 >> 단춧구멍 표시

메뉴 점/선 F1 에서 직선 0 을 선택한다. → 대화창이 뜨면 방향키(↑ 또는 ↓)로 dx에 단추 여유(=0.3cm)를 입력한 후 Enter 를 친다.

02 >> 메뉴 수정 F3 에서 연장선 _ 을 선택하여 단추 크기(=2.1cm)만큼 연장한다.

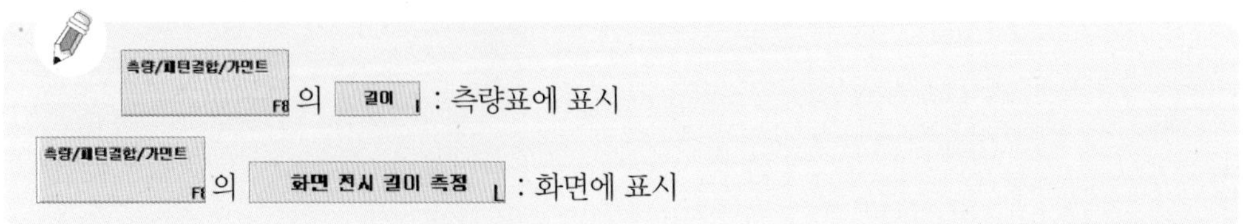

03 >> 메뉴 점/선 F1 에서 평행선 을 선택한 후 단추 간격만큼 첫 번째 단춧구멍을 평행선으로 두 번째, 세 번째 단추 위치에 그린다.

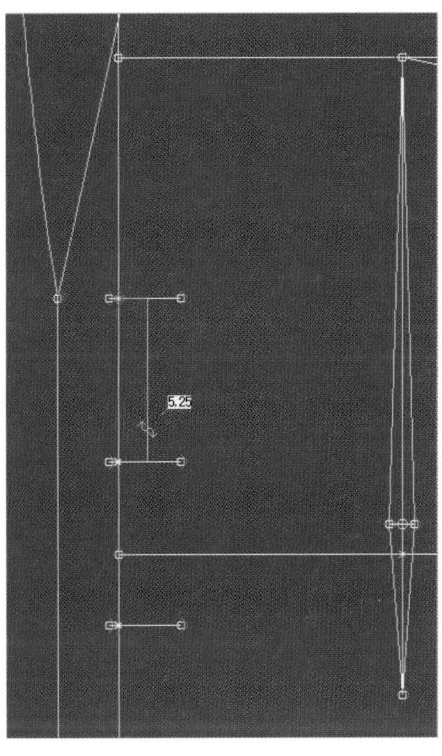

5 주머니 제도

1 플랩 주머니

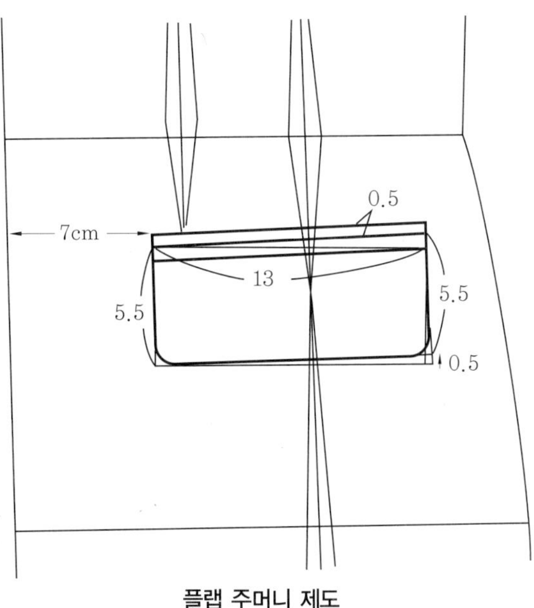

플랩 주머니 제도

01 >> 메뉴 점/선 F1 에서 평행선 을 선택한 후 허리선에서 안쪽 다트 끝까지 평행선을 그린다.

02 >> 앞중심선에서 7cm 평행선을 몸판쪽으로 그린다.

Modaris
거리 7 cm Lock

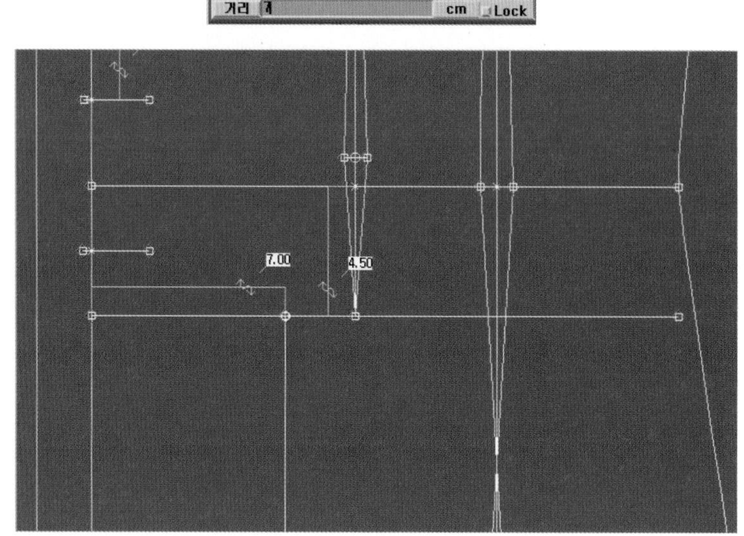

03 >> 메뉴 수정 F3에서 두선 맞추기 을 선택하여 각 평행선을 정리한다.

04 >> 메뉴 점/선 F1 에서 평행선 를 선택한 후 플랩포켓의 폭 13cm 평행선을 그린다.

05 >> 플랫포켓의 길이 5.5cm 평행선을 그린다.

Modaris
거리 -5.5 cm Lock

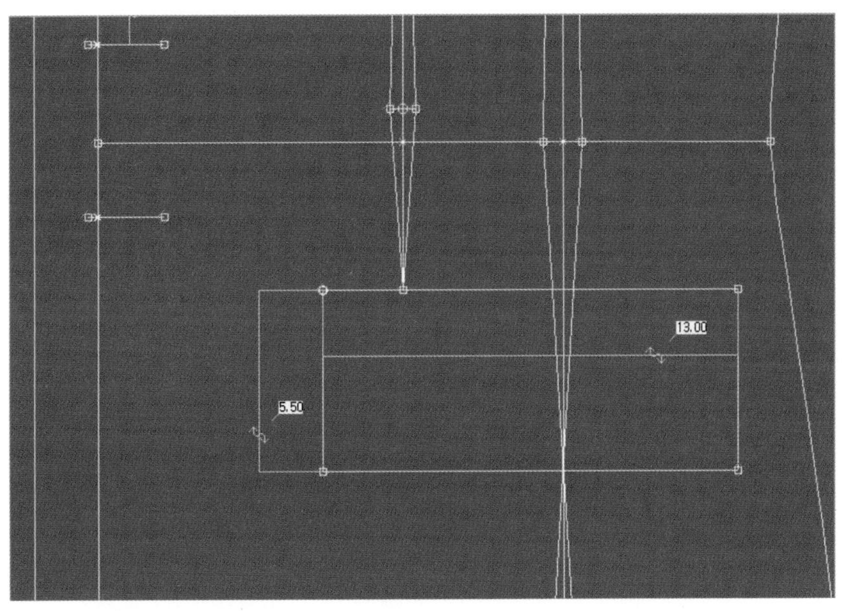

06 >> 메뉴 수정 F3 에서 점수정 r 을 선택하여 Y축 (+)방향으로 0.5cm 올린다.

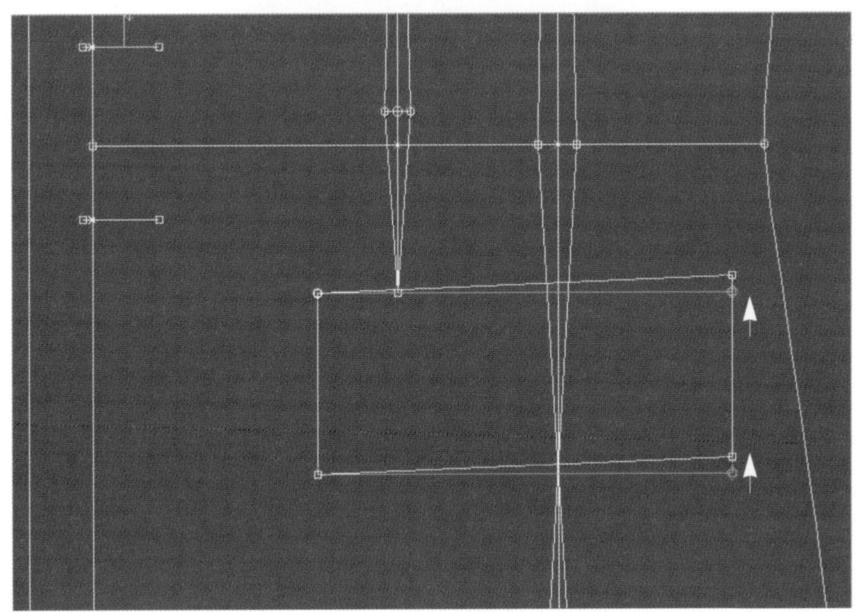

07 >> 메뉴 점/선 F1 에서 평행선 X 을 선택하여 위아래로 0.5cm씩 평행선을 그린다(a–b, c–d).

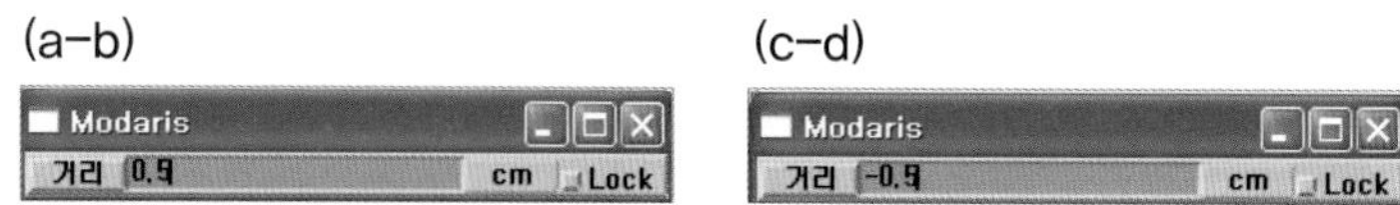

08 >> 메뉴 수정 F3 에서 점/선 이동 D 을 선택하여 X축 (+)방향으로 0.5cm 이동한다.

Modaris

X 이동거리	0.50	cm	Lock
Y 이동거리	0	cm	Lock
회전각도		십진수	Lock
dl		cm	Lock

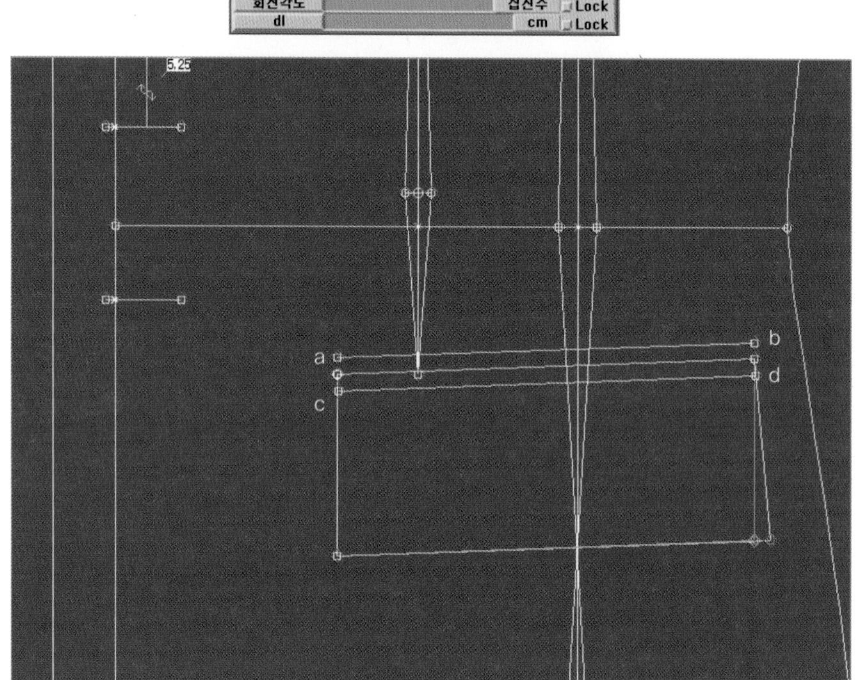

09 >> 메뉴 점/선 F1 에서 미세곡선 b 을 선택하여 그려 각진 부분을 완만한 곡선으로 그린다. → 메뉴 수정 F3에서 두선 맞추기 를 선택하여 각진 선을 정리하여 주머니를 완성한다.

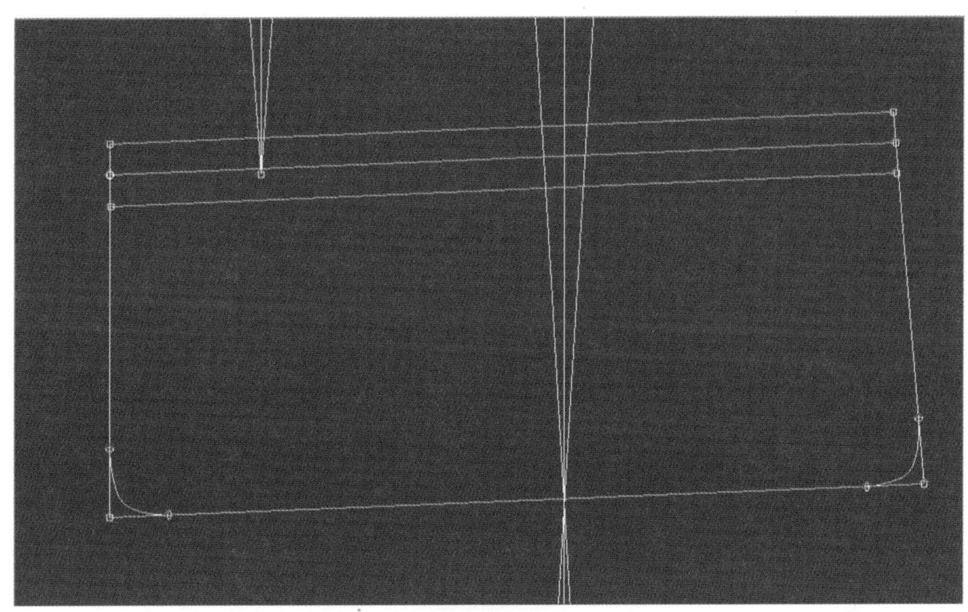

플랩주머니 완성

2 웰트 주머니

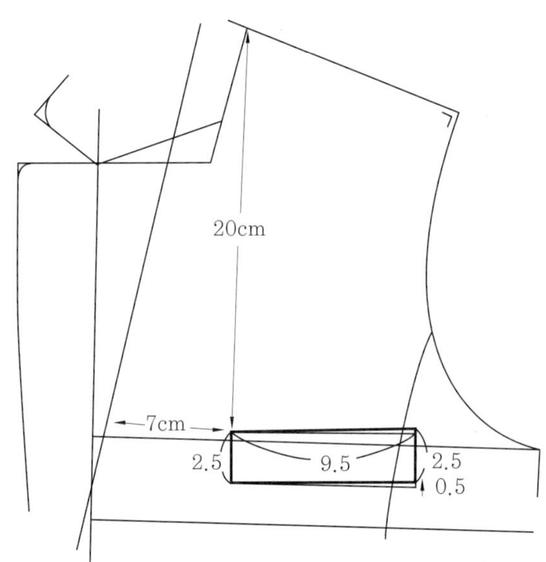

웰트주머니 제도

01 >> 메뉴 [점/선 F1] 에서 [직선 0] 을 선택한 후 대화창이 뜨면 방향키(↑ 또는 ↓)로 dy에 20cm를 입력한 후 Enter 를 친다.

Modaris			
dx	0.00	cm	Lock
dy	-20	cm	Lock
dl		cm	Lock
회전각도		십진수	Lock

02 >> 메뉴 점/선 F1 에서 평행선 을 선택하여 앞중심선에서 7cm 평행선을 그린다.

03 >> 메뉴 수정 F3 에서 두선 맞추기 를 선택하여 선을 정리한다.

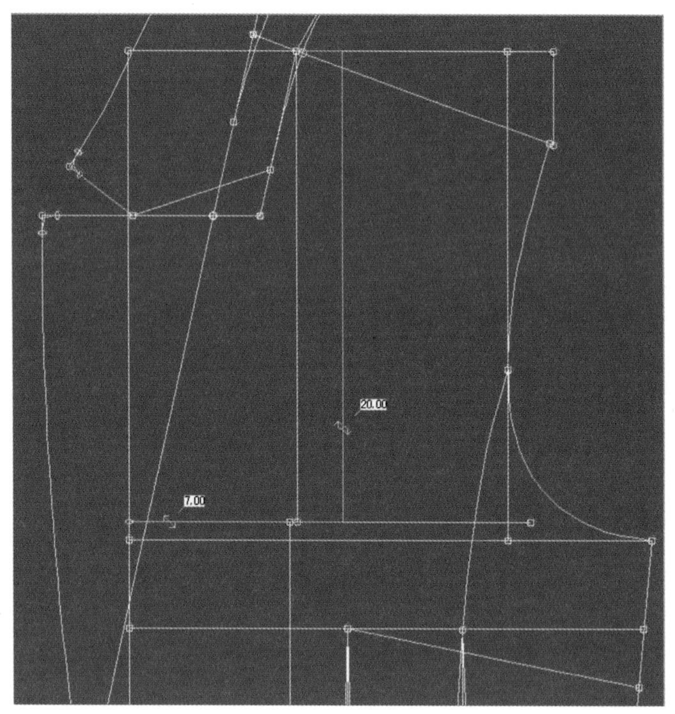

04 >> 메뉴 점/선 F1 에서 평행선 을 선택하여 웰트포켓의 길이 2.5cm 평행선을 그린다. → 웰트포켓의 폭 9.5cm 평행선을 그린다.

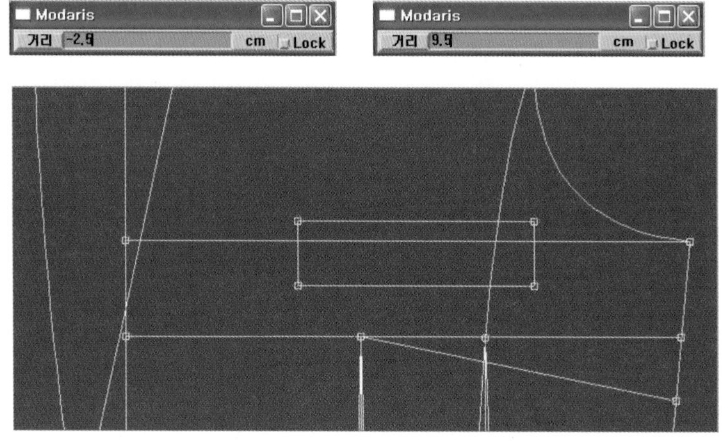

05 >> 메뉴 수정 F3에서 점/선 이동 D을 선택하여 Y축 (+)방향으로 0.5cm 올린다.

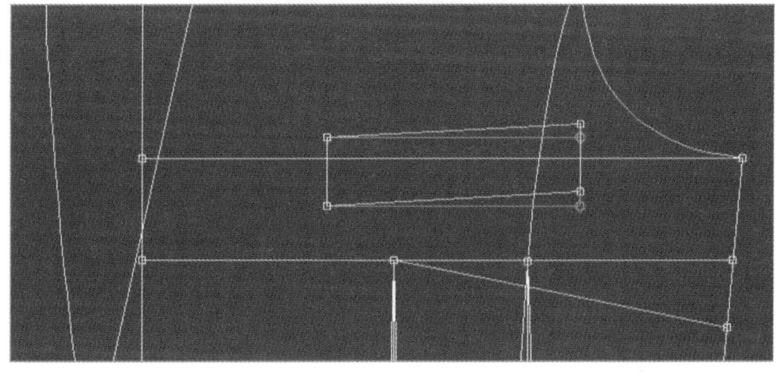

06 >> 완 성

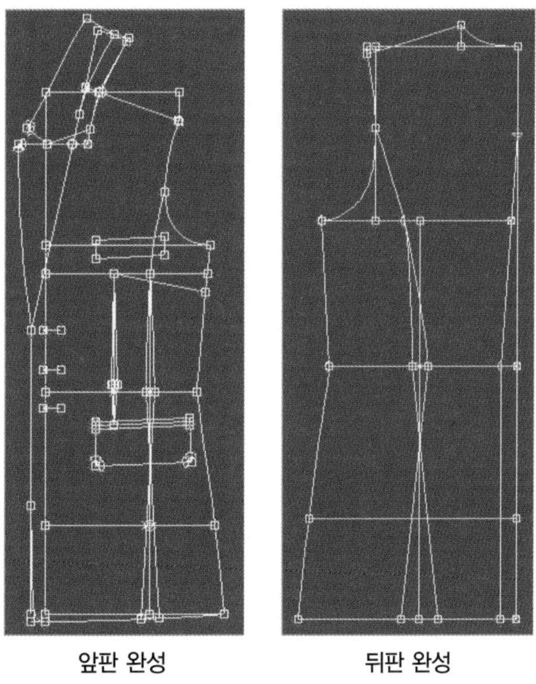

앞판 완성 뒤판 완성

6 두 장 소매 제도

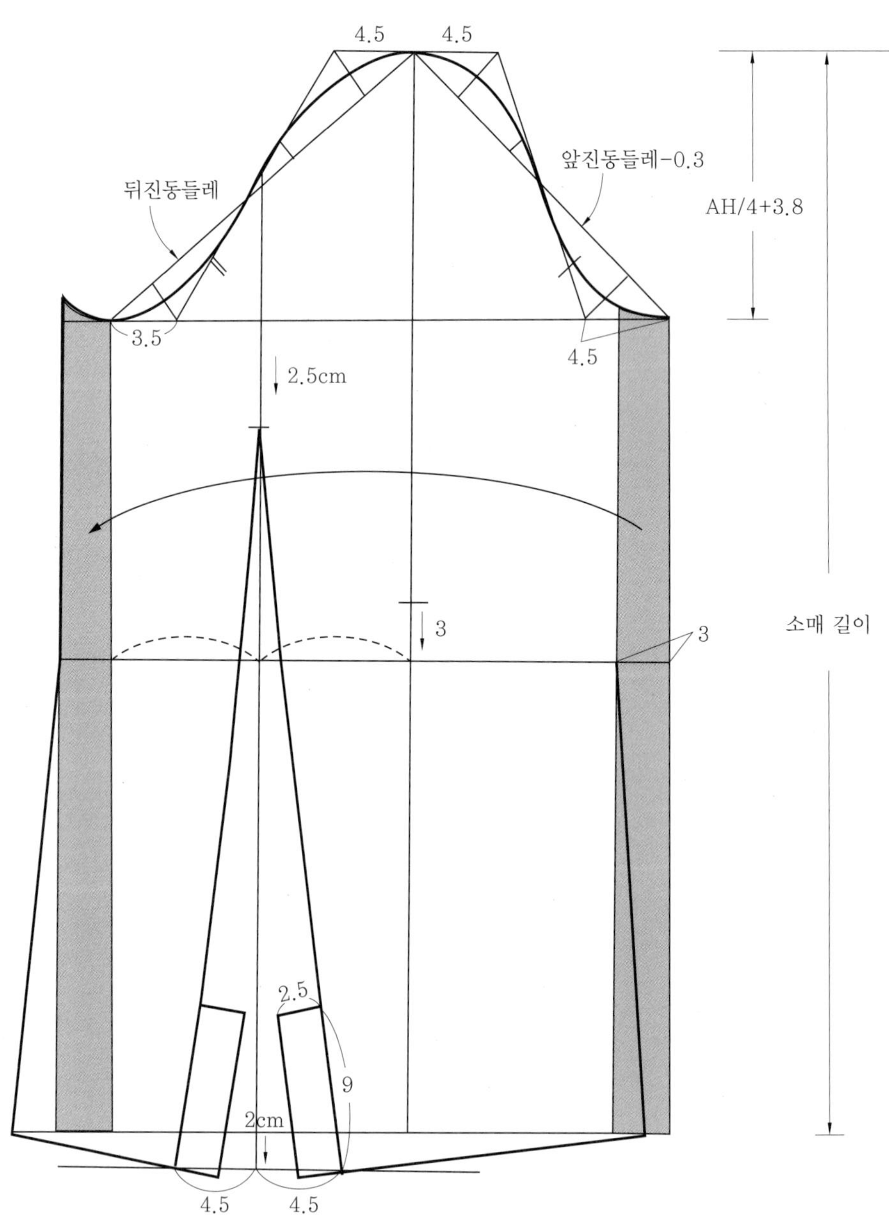

두 장 소매 제도

1 두 장 소매

01 >> 기본 소매 제도를 제도한다.

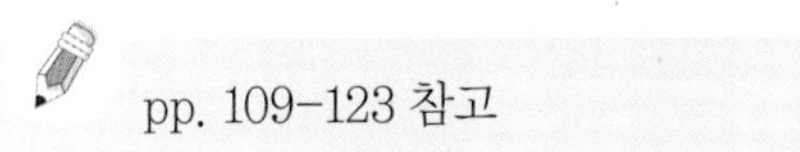

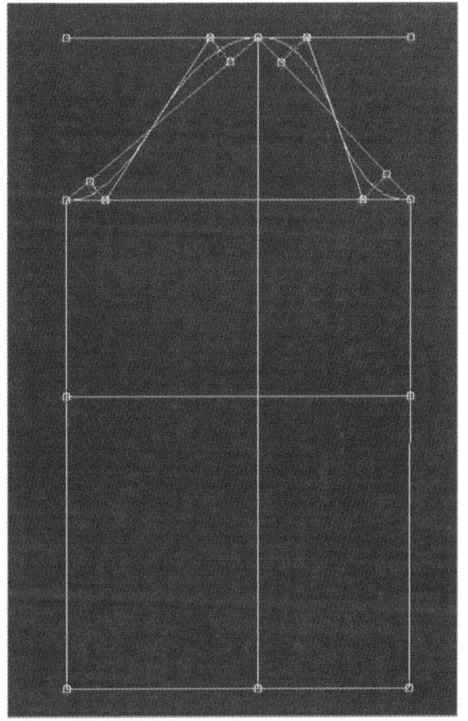

02 >> 메뉴 [점/선 F1]에서 [평행선 X]을 선택하여 3cm 평행선을 그린다. → 메뉴 [수정 F3]에서 [두선 맞추기]를 선택하여 암홀선까지 정리한다.

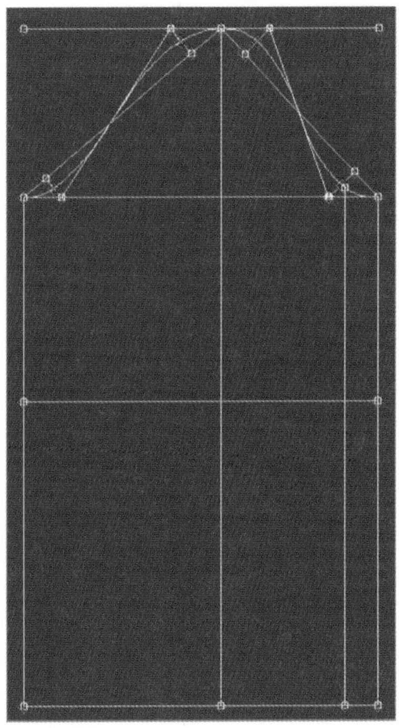

03 >> 메뉴 생산/패턴 F4에서 봉제선으로 추출 o을 선택하여 앞소매 블록을 추출한다.

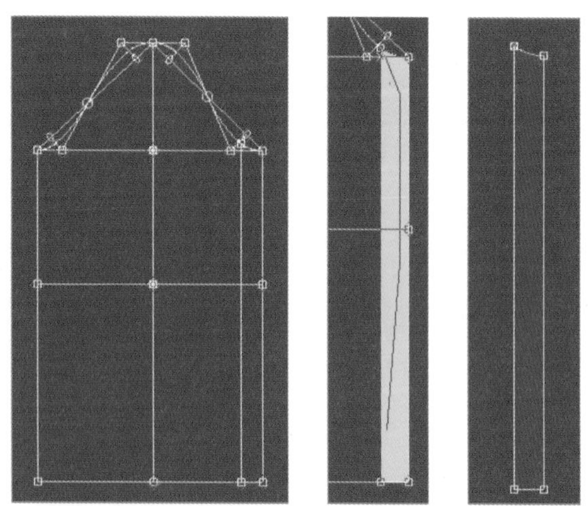

04 >> 메뉴 측량/패턴결합/가먼트 F8에서 점기준 결합 m을 선택하여 추출한 앞소매 점 a와 뒤소매 점 b를 결합한다. → 메뉴 점/선 F1에서 복제 ~d를 선택하여 결합한 블록의 선을 복사한다. → 메뉴 측량/패턴결합/가먼트 F8에서 결합패턴 해제 d를 선택하여 결합한 (1-2-3-4) 블록을 해제한다.

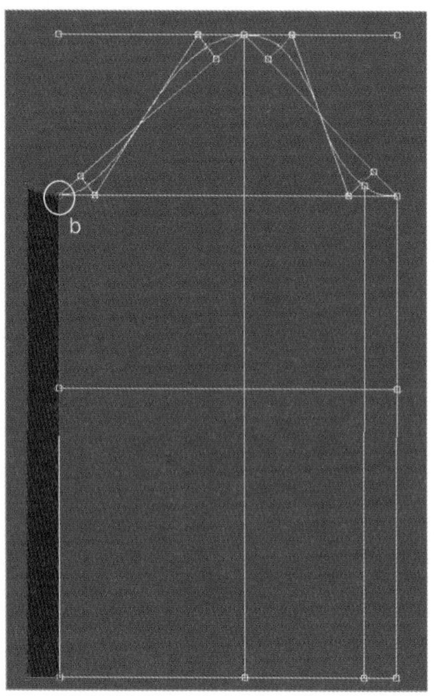

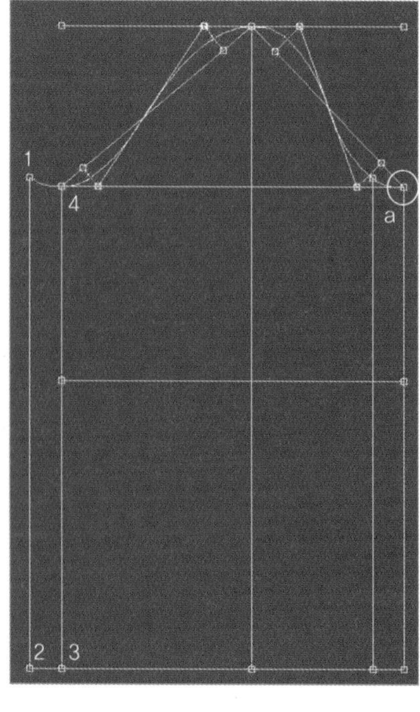

05 >> 메뉴 점/선 F1 에서 교차점 을 선택하여 소매 중심선의 교차점을 표시한다. → 메뉴 점/선 F1에서 선등분 을 선택하여 이등분한다.

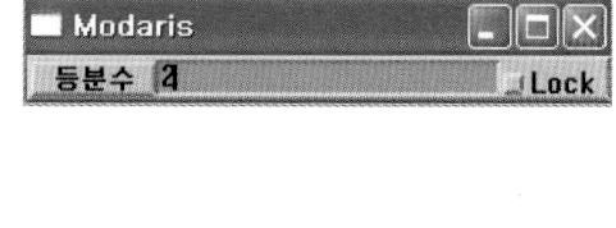

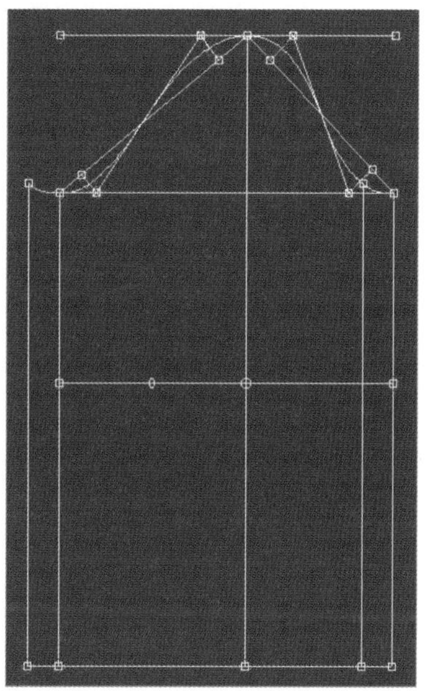

06 >> 메뉴 점/선 F1 에서 직선 0을 선택하여 아래로 수직선을 그린다. → 메뉴에서 수정 F3에서 두선 맞추기 를 선택하여 수직선을 뒤암홀선까지 정리한다.

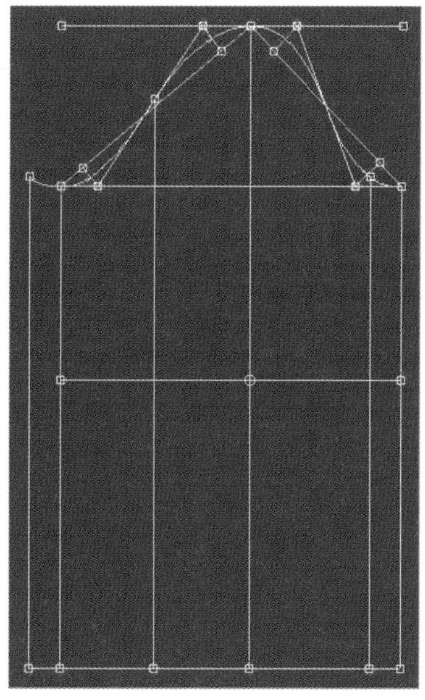

07 >> 메뉴 점/선 F1 에서 평행선 X 을 선택하여 소맷부리선에서 2cm 아래로 평행선을 그린다.

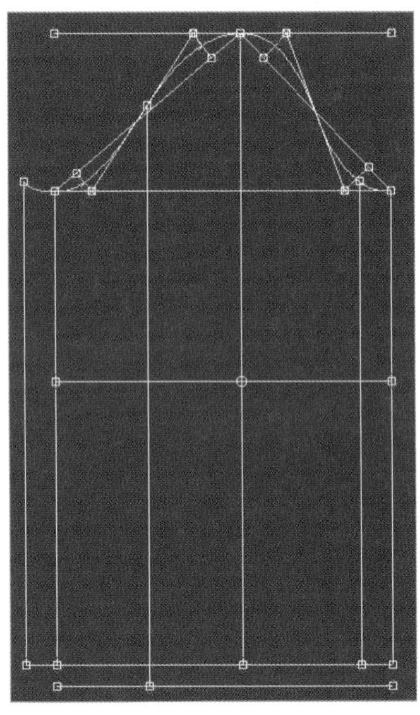

08 >> 메뉴 수정 F3에서 두선 맞추기 를 선택하여 선을 정리한다. → 메뉴 점/선 F1 에서 직선/곡선 점추가 ~4 를 선택하여 점에서 4.5cm 좌우로 점을 추가한다.

09 >> 메뉴 점/선 F1 에서 교차점 I 을 선택하여 진동선과 수직선에 교차점을 표시한다. → 메뉴 점/선 F1 에서 직선/곡선 점추가 ~4 를 선택하여 교차점에서 아래로 2.5cm 점을 추가한다.

Modaris
dx cm Lock
dy cm Lock
길이 2.5 cm Lock

10 >> 메뉴 점/선 F1 에서 직선 0 을 선택하여 직선을 그린다. → 메뉴 점/선 F1 에서 직선/곡선 점추가 ~4 를 선택하여 연결한 직선에 곡선점(Shift 누른 상태에서 점 추가)을 추가한다. → 메뉴 수정 F3 에서 점수정 r 을 선택하여 완만한 곡선으로 수정한다.

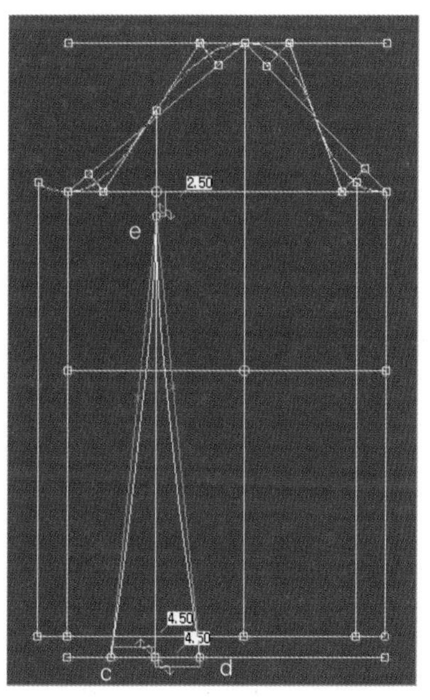

11 >> 메뉴 점/선 F1 에서 직선/곡선 점추가 ~4 를 선택하여 앞소매에서 오른쪽으로 2cm 점을 추가한다.

Modaris

dx		cm	Lock
dy		cm	Lock
길이	2	cm	Lock

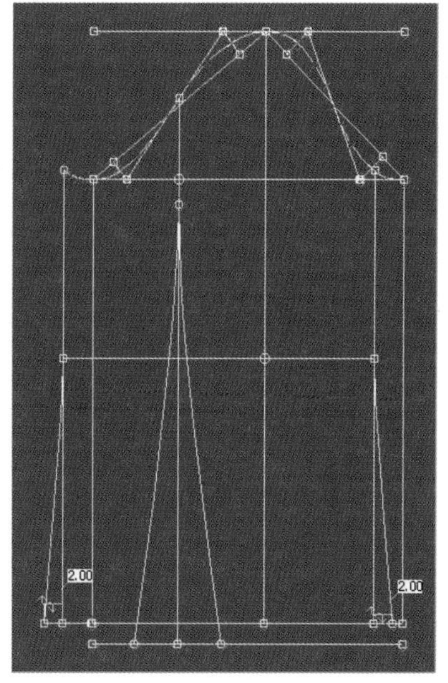

12 >> 팔꿈치점에서부터 직선으로 연결해 준다. → 메뉴 점/선 F1 에서 직선/곡선 점추가 ~4 를 선택하여 연결한 직선에 곡선점(Shift 누른 상태에서 점 추가)을 추가한다. → 메뉴 수정 F3 에서 점수정 r 을 선택하여 완만한 곡선으로 수정한다. → 메뉴 점/선 F1 에서 직선 0 을 선택하여 소맷부리선과 직선으로 연결한다.

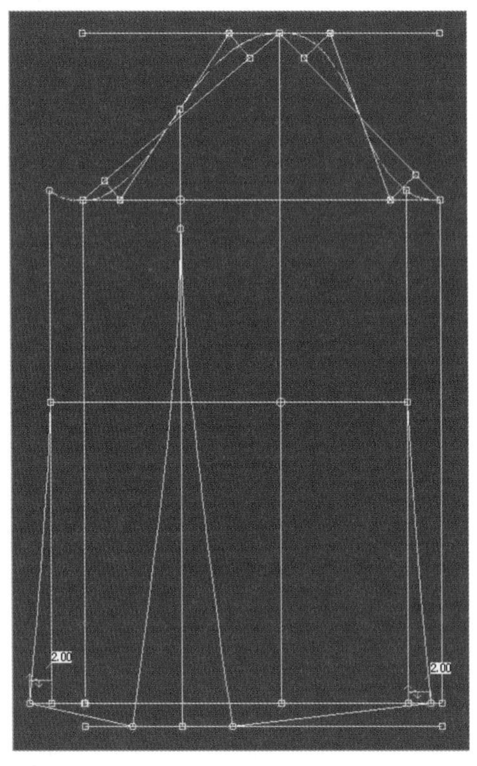

2 소매 트임

01 >> 메뉴 점/선 F1 에서 평행선 X 을 선택하여 소매 안쪽으로 트임 깊이 2cm, 트임 길이 9cm 평행선을 그린다.

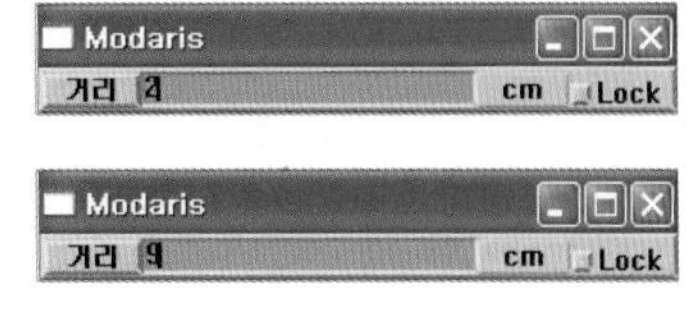

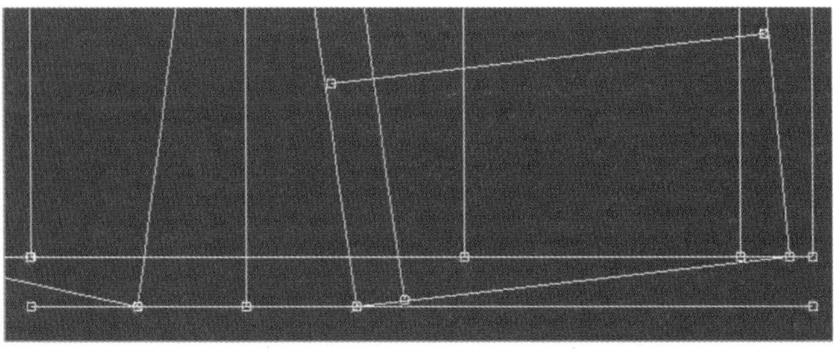

02 >> 메뉴 [수정 F3]에서 [두선 맞추기]를 선택하여 선을 정리한다.

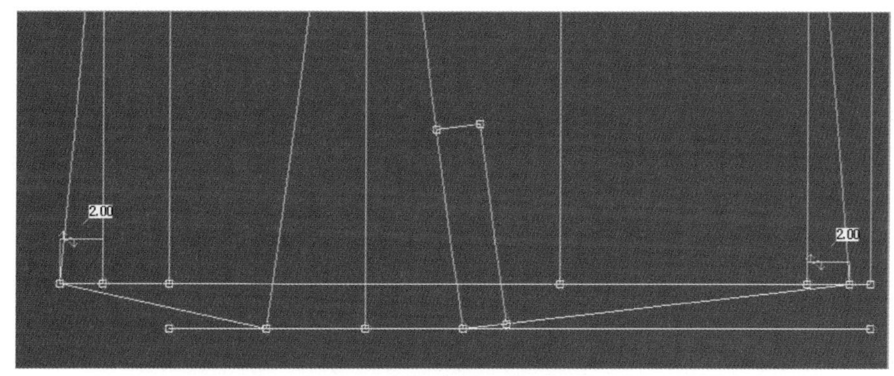

03 >> 메뉴 [점/선 F1] 에서 [대칭축 X] 을 선택하여 (f-d)선에 대칭축을 그린다.

04 >> 메뉴 [점/선 F1] 에서 [축 기준 대칭 Y] 을 선택하여 대칭축(f-d)을 기준으로 f-g, g-h를 반전한다.

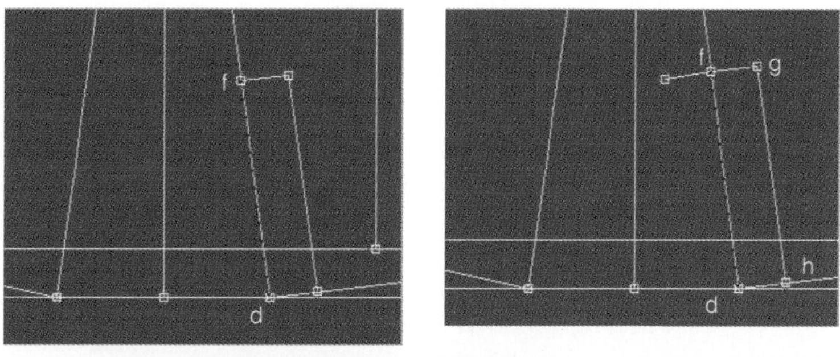

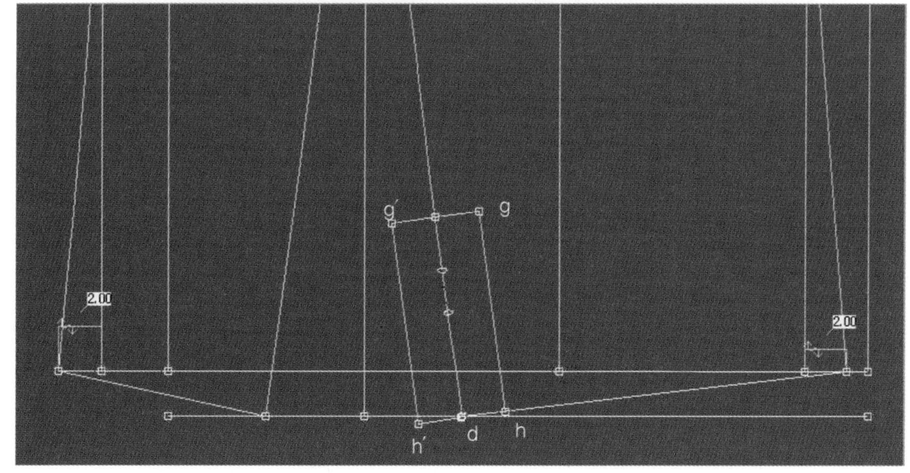

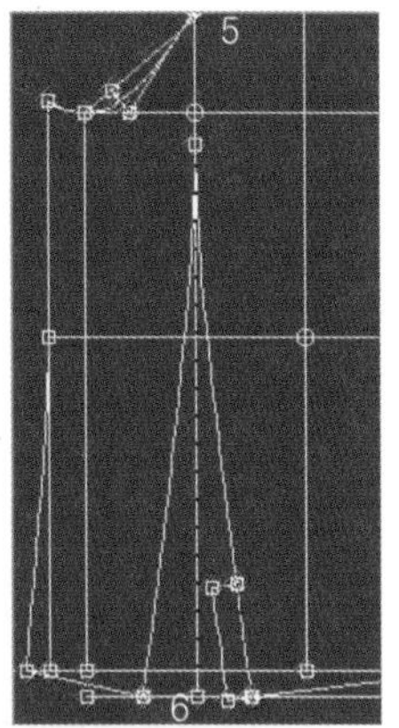

05 >> 메뉴 점/선 F1 에서 대칭축 X 을 선택하여 (5-6)선에 대칭축을 그린다.

06 >> 메뉴 점/선 F1 에서 축 기준 대칭 Y 을 선택하여 대칭축(5-6)을 기준 으로 f-g′-h′-d를 반전한다.

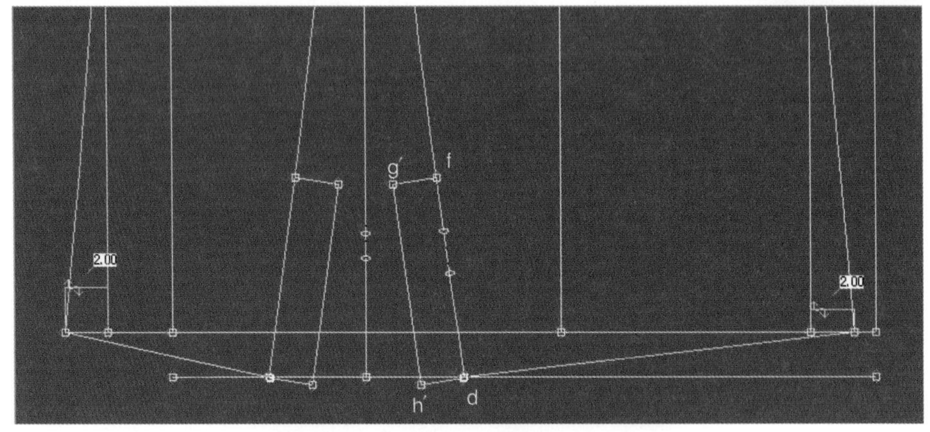

07 >> 완 성

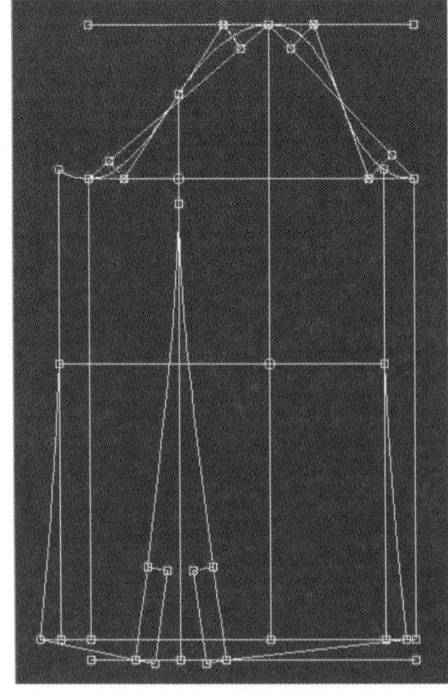

두 장 소매제도 완성

저자 약력

배주형
상명대학교 의상디자인과 졸업, 상명대학교 디자인대학원 졸업(미술학 석사)
경희대학교 대학원 졸업(이학 박사)
동서대학교 디지털학부 패션디자인전공 겸임교수, 경희대학교 의상학과 겸임교수,
상명대학교 강사 역임
화이트드림 대표
現 여주대학 패션코디네이션과 겸임교수, (사)한국패션봉제아카데미 기술교육지원팀장

안현숙
이화여자대학교 의류직물학과 졸업
이화여자대학교 대학원 의류직물학과 졸업(가정학 석사)
성신여자대학교 대학원 의류학과 졸업(이학 박사)
미국Cornell University 방문연구교수
상명대학교 대학원 · 성신여자대학교 대학원 강사 역임
現 여주대학 패션코디네이션과 부교수

박지은
상명대학교 의상디자인과 졸업 / 상명대학교 디자인대학원 졸업(미술학 석사)
경희대학교 대학원 졸업(이학 박사)
수원여자대학 패션디자인과 겸임교수 / 상명대학교 · 경희대학교 강사 역임
現 여주대학 · 수원여자대학 강사

렉트라 패턴 캐드
LECTRA Pattern CAD의 패턴 제작법

2012년 1월 10일 인쇄
2012년 1월 15일 발행

저자 : 배주형, 안현숙, 박지은
펴낸이 : 이정일

펴낸곳 : 도서출판 **일진사**
www.iljinsa.com

140-896 서울시 용산구 효창원로 64길 6
전화 : 704-1616 / 팩스 : 715-3536
등록 : 1979. 4. 2, 제3-40호

값 15,000원

ISBN : 978-89-429-1252-0